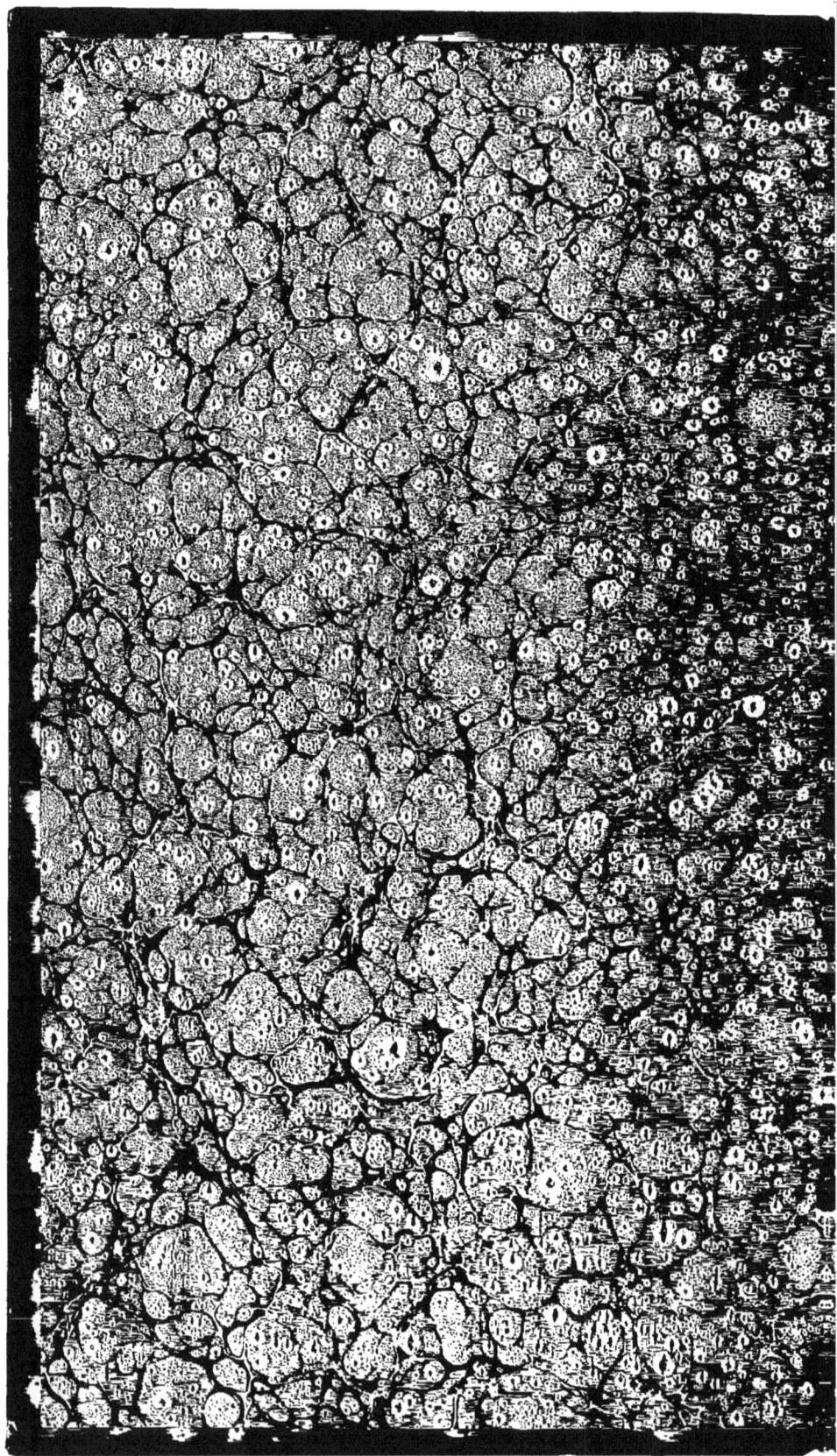

V

32408

THÉORIE
DES VIBRATIONS

ET SON APPLICATION

A DIVERS PHÉNOMENES

DE PHYSIQUE.

THÉORIE

DES VIBRATIONS

APPLIQUÉE

A DIVERS PHÉNOMÈNES

DE PHYSIQUE

IMPRIMERIE DE ALFRED COURCIER,
rue du Jardinet, n° 12.

THÉORIE
DES VIBRATIONS

ET SON APPLICATION

A DIVERS PHÉNOMÈNES

DE PHYSIQUE;

PAR LE BARON BLEIN,

ANCIEN OFFICIER GÉNÉRAL DU GÉNIE.

Veritas nunquam latet.
SÉNÈQUE.

PARIS,

BACHELIER PÈRE ET FILS,

LIBRAIRES POUR LES SCIENCES,

QUAI DES AUGUSTINS, N° 55.

1831

THÉORIE

DES VIBRATIONS

ET SON APPLICATION

À DIVERS PHÉNOMÈNES

DE PHYSIQUE,

PAR LE BARON BLEIN,

Ancien officier général du génie.

LIBRAIRES-POUR LES SCIENCES,

AU LECTEUR

AMI DE LA SCIENCE ET DE LA VÉRITÉ.

Galilée fut poursuivi et condamné pour avoir démontré que la terre tourne sur son axe et autour du soleil; je ne saurais donc m'étonner ni me plaindre si les conséquences variées et importantes que j'ai déduites d'un principe simple et démontré n'ont pas reçu l'accueil et l'approbation que j'espérais.

Des recherches sur la Mélodie et l'Harmonie m'ont conduit à l'étude des vibrations des corps sonores, à l'explication des doubles résonnances graves résultant de deux sons donnés. Le principe vibratoire élastique m'a paru exister dans toute la matière, quelle que fût sa forme, et être la cause primordiale de la plupart des phénomènes physiques. J'ai publié en 1827 un opuscule, extrait des Mémoires que j'avais lus ou présentés à l'Académie des Sciences sur ces matières. M'informant un jour auprès d'un membre distingué de ce corps illustre, section de Physique, s'il avait lu ce travail. « Je ne suis pas musicien, » me répondit-il. Je présentai ensuite un ouvrage spécial, intitulé *Principes de Mélodie et d'Harmonie*, encore manuscrit, à l'Académie des Beaux-Arts, espérant que la section de composition musicale voudrait bien l'examiner ; on me prévint que je pouvais le retirer, ces messieurs n'étant pas mathématiciens. Toutefois, je ne perdis point courage ; je m'adressai encore à l'Académie des Sciences, et elle voulut bien décider que l'ouvrage serait examiné par la commission de son sein déjà chargée de lui rendre compte de mes autres travaux, compte qui pouvait se réduire, à la vérité, à un rapport verbal, depuis leur publication, et que l'Académie des Beaux-Arts serait invitée à lui adjoindre deux de ses membres, pris dans la section de composition musicale. Près de deux années se sont écoulées, et malgré les promesses réitérées et bienveillantes de mon rapporteur, qui m'a assuré avoir commencé son travail sur cet objet, je n'ai encore rien vu paraître.

Je me suis déterminé, en conséquence, à publier de nouveau les résultats de mes recherches sur la théorie des vibrations, refondus, à la vérité, rédigés dans un ordre plus méthodique, plus concis, et en même temps soigneusement corrigés et augmentés de plusieurs aperçus nouveaux, auxquels je me suis efforcé de donner la plus grande clarté. Je ferai paraître en même temps mes Principes de Mélodie et d'Harmonie, auxquels je n'ai eu à faire que de très légères corrections. J'ose recommander ces deux ouvrages aux amis des sciences, en solliciter l'examen et même la critique, puisque d'elle pourra du moins jaillir la vérité, unique but de mes constans efforts. Si j'ai erré, je serai prêt à le reconnaître quand on me l'aura démontré; si, au contraire, j'ai mis au jour quelques vérités utiles aux hommes, je serai satisfait, puisqu'alors je pourrai dire, comme Horace, *exegi monumentum.*

THÉORIE
DES VIBRATIONS

ET SON APPLICATION

A DIVERS PHÉNOMÈNES

DE PHYSIQUE.

LIVRE PREMIER.

LOIS GÉNÉRALES DE L'ÉTAT DE VIBRATION.

CHAPITRE PREMIER.

Principe élastique vibratoire.

Si on laisse tomber d'une certaine hauteur, sur un plan horizontal immobile, une sphère de matière élastique, d'ivoire par exemple, on voit cette sphère rejaillir presque immédiatement dans la direction verticale; et, sans la résistance de l'air, on la verrait répéter indéfiniment ses chutes et ses ascensions successives.

Ce phénomène résulte de l'état de vibration

I

imprimé à cette sphère par son choc sur le plan immobile. Cet état de vibration se compose de deux situations alternatives de la masse de la sphère. Dans la première situation, la sphère se trouve comprimée, aplatie; son diamètre, dans le sens vertical ou perpendiculaire au plan de percussion, se trouve diminué d'une quantité quelconque, et alors sa circonférence dans le plan passant par son centre, perpendiculairement à ce diamètre, se trouve augmentée. Dans la seconde situation, la sphère se trouve allongée, son diamètre vertical se trouve augmenté, et alors sa circonférence, dans le plan perpendiculaire à ce diamètre, se trouve diminuée. Plus brièvement, cette sphère se trouve, par l'état de vibration, passer de la forme d'un sphéroïde aplati à celle d'un sphéroïde allongé, et réciproquement. Ces deux situations de l'état de vibration ont lieu en un temps court, mais appréciable, et se répètent à des intervalles égaux (1). Ainsi donc l'état de vibration de cette sphère a lieu dans le sens d'un de ses axes, c'est-à-dire de l'une de ses

---

(1) Ce phénomène est très sensible dans un ballon rempli d'air, tel que ceux que l'on emploie dans le jeu qui porte ce nom.

dimensions linéaires, et dans le sens d'un plan perpendiculaire à cet axe et passant par son centre, c'est-à-dire dans le plan de ses deux autres dimensions linéaires.

La sphère s'étant contractée, au moment du choc sur le plan, dans la première situation de l'état de vibration, ou dans son premier instant, on conçoit que son mouvement contraire d'extension, dans le second instant de la vibration, la repousse du plan immobile dans la direction précisément opposée, c'est-à-dire vers le lieu d'où elle était tombée, et la repousserait au même point, sans la résistance de l'air, dans le cas où il y aurait isochronisme dans les deux instans de l'état de vibration, et par conséquent égalité dans les deux forces opposées au moment du contact; et c'est ce qui est démontré par d'autres expériences.

Tout corps élastique quelconque, quelle que soit sa forme, s'il éprouve un choc ou un frottement qui n'est autre chose qu'une succession de chocs, sera mis en un état de vibration analogue à celui que l'on vient d'observer dans la sphère, qui est le corps de la forme régulière la plus simple, puisque toutes ses dimensions linéaires sont égales, en quelque direction qu'on les prenne; mais cet état de vibration

subira des modifications résultant des différences qui existeront dans les trois dimensions
linéaires de ces corps, soit réguliers, soit irréguliers.

Les corps de formes irrégulières ne pouvant
présenter des circonstances favorables à l'examen et à la détermination de leurs divers états
de vibration, nous nous attacherons à observer
les phénomènes qui ont lieu dans les corps
élastiques réguliers, dont les vibrations se manifestent pour nous en nature de sons, tels
sont des plateaux ronds, que l'on peut considérer à la fois comme élémens de sphères et
de cylindres ; des plateaux polygones, élémens
de prismes de divers périmètres, et enfin ces
cylindres et ces prismes, soit isolés, soit fixés
à l'une de leurs extrémités, ou même à toutes
les deux, et soumis, en ce dernier cas, à diverses tensions.

CHAPITRE II.

Vibrations des plateaux.

Si l'on suspend un plateau de verre circulaire par un fil placé à son centre, et si on le
frappe perpendiculairement à ses faces, alter-

nativement vers son centre et vers sa circonférence ; on reconnaîtra qu'il donne deux sons,
l'un plus aigu à son centre, et l'autre grave à
sa circonférence, et qui se trouvent à un intervalle de sixte mineure ; c'est-à-dire que le
son produit vers la circonférence du plateau
résultant de 5 vibrations en un temps donné,
celui produit au centre résulte de 8 vibrations dans le même temps.

On remarquera qu'en augmentant la force
de percussion de la partie centrale, le son
qu'elle produit tend à devenir plus aigu, en
se rapprochant de la sixte majeure de l'autre
son. Ces deux sons se font entendre encore
assez distinctement quand la percussion est dirigée sur le bord du plateau parallèlement à
ses faces. Enfin, ces mêmes sons s'obtiennent
également, soit en suspendant le plateau à un
fil par un point de sa circonférence, soit en
le plaçant sur deux fils horizontaux.

Il y a évidemment dans le plateau rond
isolé deux espèces de vibrations possibles, dans
le sens de son axe ou de son épaisseur ; les
unes au centre, plus rapides, les autres vers
la circonférence, moins fréquentes. Il doit,
par conséquent, exister à une certaine distance
du centre une limite circulaire entre ces deux

portions du même plateau diversement vibrantes, limite analogue aux nœuds de repos
qu'on remarque dans une corde tendue mise
en état de vibration. En effet, il suffit, pour
s'en convaincre, de répandre du sable fin sur
ce plateau, maintenu dans une position hori-
zontale; on verra, en le frappant à petits
coups répétés dans le sens vertical, le sable
s'agglomérer en s'éloignant à la fois du centre
et de la circonférence du plateau, sur un
cercle concentrique dont le rayon nous a
paru, relativement au rayon total du plateau,
dans le rapport de $\sqrt{5}$ à $\sqrt{8}$; car, pour un
plateau de 90 millimètres de rayon, il a été
d'environ 71 millimètres.

Comme le même son grave de ce plateau se
manifeste lorsqu'on le frappe sur ses bords,
dans une direction parallèle à ses faces, l'on
peut en conclure que les vibrations annulaires
elliptiques, alternatives à angles droits, déjà
observées par Chladni dans les plateaux ronds,
sont en même nombre dans le même temps,
que les vibrations dans le sens de l'épaisseur
du plateau, particulières à sa portion en dehors
du cercle nodal.

Les vibrations du plateau rond, frappé à ses
bords dans une direction parallèle à ses faces,

sont absolument semblables à celles que l'on peut remarquer dans un cerceau de matière élastique, qu'on laisserait tomber d'une certaine hauteur sur un plan immobile horizontal, le cerceau étant dans un plan vertical. Dans ce cas, on voit qu'il y a deux axes de vibration semblables et à angles droits, dans le plan du cerceau, et l'on peut faire abstraction du mouvement qui peut avoir lieu dans le sens perpendiculaire à ce plan, c'est-à-dire dans sa troisième dimension linéaire, ou l'épaisseur du cerceau. Mais quand on frappe le plateau rond à son centre, on conçoit que le mouvement de vibration s'y exécute, comme dans la sphère, dans la direction de l'axe ou de l'épaisseur du plateau, et dans celle du plan qui lui est perpendiculaire, quoique toutefois ces mouvemens puissent se trouver modifiés par la différence variable entre la petite épaisseur du plateau et ses deux autres dimensions linéaires.

On ne saurait révoquer en doute l'existence ni la forme de ces vibrations qui, comme on voit, dérivent toujours du principe de celles qui ont lieu dans la sphère. On voit, en effet, que les vibrations de la partie centrale du plateau ayant au centre un écartement plus considérable, qui diminue ensuite vers le cercle nodal, les molécules de sable fin doivent être sollicitées à se porter de ce centre au cercle nodal de repos, et qu'il en est de même, en sens inverse, des molécules de sable éparses vers la circonférence du plateau, qui sont sollicitées à se porter de la circonférence au cercle nodal, parce que les vibrations y ont plus d'écartement à cette circonférence, et en ont toujours moins à mesure qu'elles se rapprochent du cercle nodal de repos. Il est évident que ces vibrations forment l'effet de deux plans inclinés en sens contraire, l'un du centre, et l'autre de la circonférence du plateau au cercle nodal, et que les mouvemens successifs des vibrations doivent porter toutes les molécules du sable fin sur le cercle de repos.

Si l'on construit des plateaux de semblable matière, de divers périmètres, mais d'épaisseurs et de surfaces égales, ou de poids égaux, on remarquera les modifications suivantes dans les sons qu'ils produisent, et dans les rapports des divers nombres de vibrations dont ils sont le résultat.

Les sons produits par la partie centrale de ces plateaux vont du grave à l'aigu à mesure que le nombre de leurs côtés augmente; ainsi, dans le triangle équilatéral, figure du plus

petit nombre de côtés, le son central est beaucoup plus grave que dans le cercle de même
surface et de même épaisseur. La différence
entre ces deux sons est presque de ce que l'on
nomme *une octave*, c'est-à-dire que le son
central du plateau rond résulte d'un nombre
de vibrations presque double dans le même
temps de celles du son central d'un plateau
triangulaire. Cette expérience a été faite avec
deux plateaux pris dans la même feuille de
verre, par conséquent de même épaisseur :
leurs poids étant égaux, leurs surfaces étaient
égales.

On distingue dans le plateau triangulaire
deux sons à un intervalle dit *de seconde majeure*, ou tels que l'un étant produit par
8 vibrations, l'autre est produit par 9 vibrations dans le même temps. Le plus grave de
ces deux sons se manifeste seul lorsque l'on
frappe, soit le centre du plateau, soit l'un de
ses angles : le plus aigu se manifeste conjoin-
tement avec l'autre, lorsque l'on frappe le plateau au milieu de l'un de ses côtés.

Dans le plateau carré, l'on entend trois sons
distincts en frappant alternativement ses angles,
les milieux de ses côtés et son centre; et ils
sont dans l'ordre des sons dits *tonique, triton*

et *sixte majeure*, représentés en nombres de vibrations par les rapports 1, $\sqrt{2}$, $\frac{5}{3}$. On observera ici, 1°. cette circonstance remarquable que les sons 1 et $\sqrt{2}$ sont dans le rapport inverse de l'hypoténuse et du côté du carré, ou des rayons des deux cercles, le premier circonscrit, le second inscrit dans ce carré; 2°. que la différence du son $\sqrt{2}$ à celui $\frac{5}{3}$ est de trois intervalles chromatiques, tandis que leurs analogues dans le triangle diffèrent seulement de deux de ces intervalles.

On ne trouve pas de différence sensible, dans les plateaux d'un plus grand nombre de côtés, entre les sons produits par leurs angles et ceux produits par les milieux de leurs côtés. Il paraît que leurs vibrations suivent un rapport moyen proportionnel entre eux. Mais on remarque que la différence entre les sons angulaires et central, qui dans le carré est de 9 intervalles chromatiques, ou dans le rapport de 3 à 5 vibrations, diminue à mesure que le nombre des côtés du plateau augmente, et devient enfin dans le cercle de 8 intervalles chromatiques seulement, ou dans le rapport de 5 à 8 vibrations.

D'après cet exposé, on voit que les sons

graves des plateaux d'épaisseurs et de surfaces semblables, donnés par leurs angles, deviennent aussi plus graves à mesure que leurs nombres de côtés diminuent, ou dans le rapport croissant des rayons des cercles circonscrits à ces plateaux ; c'est-à-dire que les nombres de vibrations de ces sons angulaires sont en raison inverse des rayons de ces cercles circonscrits. Si ce son angulaire n'est pas perçu distinctement dans le plateau triangulaire équilatéral, c'est très vraisemblablement par la raison qu'il se confond avec le son correspondant au rayon du cercle inscrit, son octave aiguë (1), car on sait que le rayon de ce cercle inscrit est la moitié de celui du cercle circonscrit ; et la même analogie se présente dans le phénomène des sons 1 et $\sqrt{2}$ du plateau carré. Les anomalies que l'on peut remarquer dans les sons obtenus par des triangles irréguliers ne peuvent affaiblir ce raisonnement.

Nous devons faire remarquer aussi que dans ces plateaux de formes diverses, lorsqu'étant fixés par leurs centres, ils sont frappés ou frottés fortement par un archet, sur leurs bords, il s'établit un mouvement de vibration

_____

(1) Ou peut-être même sa double octave aiguë.

sur deux axes à angles droits, dont l'un est toujours déterminé par le point du choc ou du frottement de l'archet, mouvement encore semblable à celui du cerceau déjà cité, et qui se modifiant en raison du nombre des angles ou des côtés de ces plateaux, se manifeste dans ses analogies remarquables, au moyen de la distribution qui se forme dans des masses de poussière légère répandue sur les plateaux ainsi mis en état de vibration. Cette analogie est évidente, même dans le plateau triangulaire équilatéral, quoiqu'il se rencontre toujours un angle en opposition avec le milieu d'un côté, lorsque le frottement de l'archet y détermine la position de l'un des deux axes de vibration ; car cette poussière s'éloigne en même temps du milieu du côté frotté par l'archet, et du sommet de l'angle qui lui est opposé (1).

_____

(1) Nous prions que l'on prenne en grande considération ce mode de vibration du plateau triangulaire équilatéral, dont nous déduirons par la suite des conséquences importantes.

~~~~~~

CHAPITRE III.

Vibrations des cylindres.

Les cordes cylindriques tendues, en métal ou en boyau, ont été les premiers corps dont on ait observé les vibrations sonores. Dans ces cylindres fixes à leurs extrémités, on a remarqué qu'il pouvait y avoir trois modes de vibrations, tels que, dans l'un, une vibration sonore ayant lieu en un temps connu, il y en avait trois dans le même temps dans le second mode, et cinq dans ce même temps dans le troisième ; c'est-à-dire que si l'on imprime un mouvement de vibration à une telle corde, par un choc ou un frottement quelconque sur un point quelconque de sa longueur, en l'abandonnant ensuite à elle-même, elle fera entendre trois sons, dont le plus grave et le plus sensible étant désigné par le nombre 1, représentant la vibration dont il résulte en un temps donné, les deux autres seront désignés par leurs nombres de vibrations dans le même temps, 3 et 5, en formant les harmoniques naturels du premier son fondamental ı dans ce que l'on appelle, en Musique, le *mode majeur.*

Si, au contraire, on continuait de former le son de cette corde par un frottement prolongé de l'archet, sur un point quelconque de sa longueur, elle ne produirait pas d'autre son que celui ı fondamental.

Si l'on se borne à examiner le phénomène qui a lieu dans ce dernier cas, on reconnaîtra que l'unique mouvement de vibration manifesté par cette corde tendue a lieu dans ses sections circulaires, qui, par l'effet du frottement, prennent des formes elliptiques, alternativement opposées, à angles droits, et dont les grands et petits diamètres sont nécessairement déterminés par le point du contact de l'archet. Le mouvement d'extension et de contraction dans la troisième dimension linéaire de ce cylindre, c'est-à-dire dans le sens de sa longueur, se trouve annulé, ou au moins considérablement affaibli, par la fixité de ses extrémités. On reconnaîtra de plus que les mouvemens d'écartement de cette corde hors de l'axe de sa longueur n'entrent, pour aucun élément, dans la production du son, puisque ces mouvemens d'écartement peuvent varier à l'infini avec la position de l'archet sur les divers points de la corde, sans que le son éprouve aucune variation. Cette observation détruit la théorie de Taylor, de d'Alembert et de Diderot, que l'application de leurs célèbres formules sur cet objet, à des expériences répétées, nous avaient fait considérer comme fautive (1).

Si l'on examine le phénomène des trois sons 1, 3, 5, produits par la corde vibrante abandonnée à elle-même, on sera porté naturellement à penser qu'il n'a lieu que parce que diverses portions de cette corde exécutent séparément des vibrations annulaires, dont les fréquences sont entre elles comme les nombres 1, 3 et 5.

Les expériences de Sauveur ont appris, depuis long-temps, qu'une corde de matière élastique tendue pouvait se trouver sollicitée à se diviser spontanément en trois et cinq parties, séparées par des points nodaux de repos ; chacune de ces parties paraissant répéter les vibrations triples et quintuples d'une corde élastique de même diamètre, semblablement tendue, d'une longueur $\frac{1}{3}$ et $\frac{1}{5}$ de la précédente, et vibrant à côté d'elle.

---

(1) *Voyez* la note A.

On reconnaît dans ce phénomène l'influence de la corde vibrante sur l'air ambiant, qu'elle met dans un état semblable de vibration, qui à son tour va se transmettre à la corde en repos, pour faire exécuter aux parties qui en sont susceptibles des vibrations de la même espèce, et qui se transmettent de même au tympan de notre oreille, pour lui en donner la sensation.

Si donc une corde élastique tendue, mise en état de vibration par un choc ou un frottement violent, et ensuite abandonnée à elle-même, fait entendre trois sons distincts et dont les rapports sont connus, au moyen de divisions qui se forment spontanément sur sa longueur, on doit en trouver la cause naturelle dans l'action, dans la résistance de l'air, milieu dans lequel cette corde agit.

En effet, soit la corde AB (fig. 1) tendue et prenant la forme ADB, son milieu C étant porté en D. Les forces AD et BD, égales, tendent à porter le point D de la corde, considéré comme isolé, vers un autre point D', dans la direction opposée à CD et à égale distance du point C, dans un temps donné. Si l'élasticité de la corde était parfaite, et s'il n'existait aucun fluide ambiant et résistant, cette corde se trouvant dans des circonstances semblables en D', comme en D, le point C de la corde se porterait alternativement de l'un à l'autre en des temps égaux, et continuerait ses oscillations tant qu'une autre cause ne viendrait pas les troubler ; mais l'imperfection de l'élasticité de la corde et la résistance de l'air ambiant modifient et affaiblissent considérablement ces oscillations.

Supposons que la portion DB de cette corde soit une baguette isolée et mobile autour du point B, et que recevant au point D une impulsion capable de la porter en D', elle éprouve la résistance d'un fluide ambiant à déplacer ; on voit que cette résistance l'empêchera de parvenir au point D'. Or, cette résistance du fluide ambiant est parfaitement représentée par l'aire de la surface du triangle DBD', multipliée par le diamètre de la corde, quelles que soient la vitesse de ses oscillations et l'intensité de la résistance qu'elles éprouvent.

Maintenant, si l'on considère l'effet général de cette résistance, ou le *moment* de son action, on la trouvera réunie au centre de gravité de l'aire du triangle DBD', c'est-à-dire en N, au tiers de CB, du côté de C, et l'on verra qu'elle doit agir précisément aux points cor-

respondans N , N', N'', de la portion DB de la
corde dans ses diverses positions, et la solliciter à une inflexion, dans ces mêmes points,
par la multiplicité et la rapidité de ses oscillations alternatives.

La corde sera donc divisée d'abord par l'impression de la résistance de l'air, mais seulement au bout de quelques successions de
cette action, en trois parties égales, ce qui
coïncide avec l'expérience de Sauveur, relative à l'influence des vibrations d'une corde
de même tension et de même diamètre, mais
du tiers de la longueur de la première. Cependant, on a remarqué qu'au bout de quelques instans une corde tendue et mise en état
de vibration faisait entendre les harmoniques
aigus 3 et 5 du son fondamental 1 ; et, dans
la division spontanée que nous venons de remarquer, on ne peut trouver des portions
de cette corde auxquelles on puisse attribuer
ces trois sons; car chacun des tiers extrêmes
de la corde, placé dans les mêmes circonstances, ne peut produire qu'un semblable son.
Il paraît nécessaire, pour que cette corde nous
donne la sensation de ces trois sons, qu'elle se
trouve divisée, par une conséquence du principe déjà démontré, ou de quelque autre ana-

logue, au moins en cinq parties inégales, dont on conçoit que la centrale, plus grande, exé-cuterait les vibrations qui nous donnent la sen-sation du son grave fondamental 1; tandis que ses deux latérales, égales entre elles, mais moins grandes, donneraient la sensation du son 3, et les deux extrêmes, aussi égales entre elles, mais les plus petites, la sensa-tion du son 5.

Si nous continuions de raisonner d'après le principe de la résistance de l'air agissant sur les deux portions AR et BN, déjà détermi-minées, dans leurs mouvemens de rotation autour des points A et B, nous ne trouve-rions pas que leurs subdivisions se formassent exactement dans le système que nous venons d'indiquer (1); c'est, au contraire, en faisant abstraction de toute résistance de l'air, et en considérant chacune de ces portions de la corde comme une baguette mue dans le vide, que nous trouverons, par l'application des forces motrices à tous leurs points, qu'elles doivent se subdiviser en deux parties AS, SR et BT, TN, dont les premières, AS, BT, sont la moitié des autres : alors la corde entière AB

(1) *Voyez* la note B.

2..

se trouverait divisée en cinq parties, dont la centrale RN étant égale à $\frac{AB}{3}$, les deux latérales RS et NT sont égales à $\frac{2AB}{9}$, et les deux extrêmes AS et BT égales à $\frac{AB}{9}$. Toutefois, nous devons convenir que si cette solution, fondée sur des lois de Statique, fournit en même temps une explication rationnelle du fait des trois sons entendus dans une corde tendue et vibrante, il paraît extrêmement difficile de pouvoir la constater par l'expérience. Il est, au contraire, une considération qui semble infirmer cette explication, et c'est le fait particulier qui, en nous montrant dans une corde entière la faculté de faire une vibration en un temps donné, attribue à chacun de ses tiers celle d'en faire trois, et à chacun de ses cinquièmes celle d'en faire cinq dans le même temps, lorsque du moins ces divisions sont opérées par des moyens matériels suffisans, tels que des chevalets ou des pinces.

Examinons maintenant les phénomènes qui se présentent dans les cylindres isolés.

Ayant suspendu un cylindre de fer de 1 mètre de longueur et de 15 millimètres de

diamètre, par l'une de ses extrémités, au
moyen d'un fil qui ne nuisait en rien à sa
faculté de vibrer, nous avons reconnu, en
le frappant à divers points de sa longueur
dans une direction perpendiculaire à son axe,
qu'il produisait trois sons distincts, l'un, le
plus aigu, dans sa partie centrale ; un autre,
plus grave, dans les parties latérales moyennes,
et enfin le troisième, et le plus grave de tous,
à ses deux extrémités. Le premier étant un *si*
représenté par 15 vibrations, dans un temps
donné, le son intermédiaire est sa quarte renversée ou un *mi* de 10 vibrations, et le son le
plus grave, la tierce mineure renversée de ce
dernier, ou un *sol* de 6 ou 3 vibrations dans le
même temps (1).

Ces phénomènes sont en opposition avec
ceux que présente le cylindre à extrémités
fixes, c'est-à-dire la corde tendue ; car, 1°. le
son principal du centre du cylindre isolé est
le plus aigu, et le son le plus faible de ses

---

(1) Le palarithme de M. le baron Caignard de la
Tour a donné exactement, pour les trois sons de ce
cylindre, les nombres de vibrations 940, 627 et 188
par seconde, qui sont entre eux, à très peu près,
comme 15, 10 et 3.

deux extrémités est le plus grave, et 2°. la réunion de ces trois sons forme l'harmonie du mode mineur, dont la tonique se trouve le son intermédiaire. De plus, l'harmonie du mode majeur étant formée par trois sons produits au moyen de 1, 3 et 5 vibrations exécutées dans le même temps, on voit que l'harmonie du mode mineur est formée par trois sons produits au moyen de 15, 5 (ou 10) et 3 vibrations, ou de 1, $\frac{1}{3}$ et $\frac{1}{5}$ de vibrations exécutées en même temps, et ces rapports sont l'inversion l'un de l'autre.

La manière dont ces vibrations sont excitées dans le cylindre isolé suffit pour indiquer qu'elles devront être annulaires et elliptiques, alternatives à angles droits, comme dans la corde cylindrique tendue. Les vibrations dans le sens de la longueur ou de l'axe du cylindre ne se manifestent que lorsqu'elles sont excitées immédiatement par un choc dirigé perpendiculairement sur l'une de ses faces circulaires extrêmes, et alors on remarquera qu'elles doivent être en nombre double des vibrations annulaires de sa partie centrale, car le son qu'elles produisent est l'octave aiguë du son central.

Lorsque l'on soumet à ces expériences des cylindres dont les longueurs sont moindres, relativement à leurs diamètres, on cesse de distinguer les sons graves de leurs extrémités.

Des causes physiques analogues à celles qui agissent sur les cordes tendues occasioneraient-elles des divisions nodales dans les cylindres isolés, de manière à les partager aussi symétriquement en cinq parties diversement vibrantes? Les raisonnemens qui suivent et les expériences qui les appuient semblent nous le démontrer.

Si l'on considère le cylindre isolé comme fixé à son centre de gravité, on concevra sans peine qu'une impulsion quelconque donnée à l'une de ses moitiés tendra à y former une inflexion au tiers de sa longueur, du côté de ce centre de gravité, conformément aux lois de la Statique. Ce cylindre, considéré en son entier, se trouvera donc divisé immédiatement en trois parties égales, les mêmes conséquences s'appliquant à sa moitié de l'autre côté de son centre de gravité.

Si l'on examine ensuite ce qui doit se passer dans chacune des divisions extrêmes du cylindre isolé, on concevra de même que chacune d'elles oscillant à partir du point no-

dal, tel que D ou E (fig. 2), déjà déterminé,
pris pour centre, il se formera encore une
autre flexion au tiers de DA et de EB, à partir de ces points D et E aux points F et G;
alors le cylindre AB se trouvera, en effet,
divisé en cinq parties, l'une $DE = \frac{AB}{3}$ centrale;
deux extrêmes AF et BG, l'une et l'autre
$= \frac{2AB}{9}$, et deux intermédiaires DF et EG,
l'une et l'autre $= \frac{AB}{9}$, lesquelles peuvent produire les sons manifestés dérivant des vibrations annulaires alternatives.

L'expérience suivante confirme ce raisonnement. Que l'on suspende le cylindre par deux
fils placés aux points D et E; que l'on applique
ensuite aux points F et G deux poids égaux,
au moyen de deux fils, de manière à donner
une espèce de fixité aux points F, D, E et G
de ce cylindre, on continuera d'entendre distinctement les trois sons de ce solide mis en
état de vibration, chacun d'eux se manifes-
tant spécialement avec plus d'intensité dans la
division qui lui correspond, et d'une manière
plus distincte dans les circonstances décrites
que dans toute autre position des fils de sus-
pension du cylindre et des poids y appliqués.

Toutefois, nous ferons observer qu'il peut y avoir un mouvement oscillatoire d'écartement dans les diverses parties de ce cylindre, mais que ce ne sont pas ces oscillations qui en produisent les sons.

De même que les cylindres peuvent être soumis à une tension qui modifie les vibrations dont ils sont susceptibles, des plateaux ronds peuvent être soumis aussi à une tension, telle qu'on l'observe dans les peaux des tambours; mais aucune expérience n'a pu nous faire découvrir s'il s'y formait un cercle nodal de repos, et nous n'y avons reconnu la présence d'aucuns sons simultanés dont les rapports fussent appréciables, si ce n'est une dissonance de triton, qui aurait peut-être établi ce cercle nodal à un rayon d'environ quatre-vingt-quatre parties, le rayon total du plateau étant de cent parties, par analogie avec ce qui a été observé dans le plateau rond isolé.

On emploie, dans l'instrument nommé *trochléon*, des chevilles rondes, de fer, fixées sur un plateau par l'une de leurs extrémités, et que l'on met en état de vibration sonore par le frottement d'un archet. Il est facile de voir que les vibrations qui produisent les sons de ces chevilles sont du même genre que celles des

cylindres isolés, c'est-à-dire des vibrations annulaires et elliptiques alternatives à angles
droits. Le frottement continu de l'archet s'op-
poserait à ce qu'il s'en formât d'une autre espèce, telles par exemple que celles d'écartement oscillatoire de la cheville autour de son
point d'appui. On s'assurera encore mieux de
cette vérité en observant dans une pincette à
feu ordinaire les oscillations de ce dernier genre
que l'on peut imprimer à ses deux branches,
sans produire aucun son ; tandis qu'un choc
très léger, sur l'une des deux branches, produira un son distinct aigu, sans causer d'oscillation apparente.

CHAPITRE IV.

Vibrations des prismes polyèdres.

Si l'on compare les sons produits par les
cylindres isolés avec ceux des prismes polyèdres
réguliers, de mêmes longueurs et de mêmes
poids, on trouvera que les vibrations de leurs
sons aigus, qui sont les plus distincts, sont en
raison inverse des racines carrées des rayons
des cercles inscrits dans leurs polygones, en

sorte que le prisme triangulaire équilatéral est celui qui donne le son le plus aigu.

En effet, les sons d'un cylindre et d'un prisme triangulaire équilatéral de même longueur et de même poids ayant été comparés, ils ont été trouvés dans le rapport de 618 à 692 vibrations, ou d'environ 8 à 9. Or, si l'on nomme r le rayon du cylindre, sa circonférence sera $\frac{2.355r}{113}$; la surface de sa section circulaire sera $\frac{355r^2}{113}$, qui doit être égale à la surface de la section du prisme triangulaire qui lui est comparé.

Soit a, le côté de ce prisme; la hauteur du triangle ayant ce côté pour base, sera $\frac{a\sqrt{3}}{2}$; sa surface $\frac{a^2\sqrt{3}}{4}$, qui sera égale à $\frac{355r^2}{113}$; d'où l'on obtiendra la valeur de $r = (0,371)\,a$.

Comme le rayon du cercle inscrit dans le triangle équilatéral est $\frac{a\sqrt{3}}{2.3} = \frac{a}{2\sqrt{3}} = \frac{a}{3,464}$, on aura cette proportion : $(0,371)\,a$ (le rayon du cylindre) est à $\frac{a}{3,464}$ (rayon du cercle inscrit dans le triangle équilatéral) comme $0,371$ est à $\frac{1}{3,464}$, ou comme $371:289$. Or, on a (à très peu près)

$$371 : 289 :: 81 : 64, \text{ ou } \sqrt{371} : \sqrt{289} :: 9 : 8.$$

Donc les sons de ces deux corps sonores sont produits par des vibrations qui sont en raison inverse des racines carrées des rayons des cercles inscrits dans leurs polygones.

Des cordes métalliques de mêmes longueurs, de mêmes poids, et également tendues, mais les unes cylindriques et les autres octogones, hexagones, carrées et triangulaires, ont présenté des phénomènes analogues dans la différence de leurs sons, quoique absolument inverses quant à leur acuité comparée.

Tous ces phénomènes servent évidemment à confirmer la théorie des vibrations annulaires, et à détruire les hypothèses de Taylor et d'Alembert. Nous citerons encore à l'appui deux faces inégales d'un prisme octogone qui ont donné des sons différens suivant que l'une ou l'autre était frappée.

CHAPITRE V.

Vibrations de l'air.

La théorie développée par M. Biot dans son *Cours de Physique*, sur les vibrations sonores de l'air dans les tubes, repose sur ce fait, que le son met une seconde à parcourir dans l'air un espace de 333 mètres 44 centimètres. Quelques expériences ont donné cependant 337,18 mètres, et la théorie (d'après M. Biot) semblerait ne donner que 279 mètres 29 centimètres à la température de la glace fondante. Comme une longueur de 1024 pieds de roi, dont le nombre est une dixième puissance de 2, se trouve correspondre à celle de 332,64 mètres, très rapprochée de la première de ces mesures de la vitesse du son dans l'air, on a considéré cette dernière comme la longueur précise du rayon d'une onde sonore, ou du cercle d'ondulation du son, dans le temps précis d'une seconde sexagésimale, et alors on a pris cette onde pour une vibration ayant lieu dans une seconde de temps.

Nous trouvons que cette théorie, admise

par tous les physiciens modernes, manque de clarté et d'exactitude, en ce que l'air est susceptible évidemment de former par lui-même tous les nombres possibles quelconques de vibrations, dans le même temps donné, soit séparément, soit même toutes à la fois, puisque c'est l'air qui transmet à notre oreille, soit ensemble, soit séparément, la variété infinie des sons résultans de vibrations de la fréquence la plus variée. D'ailleurs, la vitesse avec laquelle se propage l'onde sonore ne nous paraît avoir aucune relation avec la fréquence plus ou moins grande de ces ondes (1).

Les sons produits par l'air, introduit dans des tubes avec une vitesse plus ou moins grande, seront seulement ici l'objet de nos observations.

On a remarqué depuis long-temps que les sons résultans de l'air, introduit avec une certaine vitesse dans un tube cylindrique de 3₂ pieds de longueur, étaient produits par un nombre d'environ 3₂ battemens ou vibrations isochrones en une seconde, et que lorsqu'on employait des tubes plus longs, ces battemens

---

(1) Seulement, l'état de vibration de l'air se transmet par ses oscillations ondulatoires.

ou vibrations, en plus petit nombre, cessaient de se manifester en nature de son, ne formant plus qu'un bruit léger à chaque battement.

L'instrument ingénieux, inventé par M. le baron Caignard de Latour, pour compter les battemens de l'air à son passage à travers deux plateaux, dont l'un est percé de trous équidistans, sur la circonférence d'un cercle, et tourne autour de son centre sur l'autre plateau percé d'un seul trou qui se rencontre successivement avec tous les trous du premier plateau, démontre que c'est l'isochronisme de ces battemens qui constitue le son, lequel toutefois n'est perceptible pour notre oreille, en cette nature, que dans certaines limites de fréquence (1).

Si les trous du plateau tournant n'étaient pas équidistans, il n'y aurait pas de son produit; ou bien, il pourrait en être produit plusieurs à la fois, s'il y avait certains rapports de fréquence communs à plusieurs de ces trous.

Ce même instrument démontre aussi que le

_____

(1) C'est la fonction précise de l'instrument de M. le baron Caignard de la Tour qui nous fait lui donner ce nom de *palarithme,* c'est-à-dire compteur de vibrations.

degré d'acuité ou de gravité des sons, dépend de la fréquence plus ou moins grande de ces battemens ou vibrations isochrones, et il sert à en déterminer les rapports; car lorsque le nombre de ces vibrations est double d'un autre, le son produit est ce que l'on nomme *une octave aiguë du premier*, ayant une certaine similitude avec lui.

D'après les observations que nous avons faites, les tubes nous paraissent seulement propres à régulariser, dans certains cas, les vibrations de l'air, pour les rendre isochrones, et les faire exécuter dans les limites de fréquence où elles peuvent devenir perceptibles pour notre oreille, en nature de son. En effet, si, après avoir obtenu d'un tube un son quelconque, par un souffle modéré, on y souffle d'une manière plus forte, on obtiendra des sons plus aigus, ses harmoniques, par exemple, sa quinte et sa tierce-majeure à des octaves aiguës, c'est-à-dire des sons dont les nombres de vibrations sont triples et quintuples, dans le même temps donné, sans pouvoir en tirer des sons intermédiaires non consonnans.

On observera d'ailleurs que lorsque l'air est introduit dans un orifice de peu de profondeur, ainsi que cela a lieu dans certaines toupies que font tourner des enfans, on obtient, dans le maximum de leur rapidité, des sons aigus, qui deviennent graves à mesure que, par le ralentissement de leurs mouvemens, l'air y pénètre avec moins de force; et dans ce cas, les sons se succèdent en suivant la graduation si désagréable par son effet de sons produits par des nombres de vibrations extrêmement rapprochés.

Il nous semble donc démontré que c'est la vitesse de l'air, à son introduction dans le tube, qui détermine l'acuité du son, c'est-à-dire le nombre des vibrations dont il se compose ; et que lorsque sa vitesse étant un, il produit le son 1, il produira les sons 3 et 5, quand sa vitesse sera 3 et 5.

Un fait se présente qui semble d'abord contrarier cette théorie : c'est celui de l'octave grave produite dans le tube lorsque l'on bouche l'ouverture opposée à celle de l'introduction de l'air. Il semblerait que l'air ayant à parcourir dans le tube fermé à l'un de ses bouts, pour aller et revenir, un chemin double en longueur de celui du tube ouvert aux deux bouts, ce serait la plus grande longueur de ce chemin parcouru, et par conséquent, la rapidité plus grande de l'air, qui rendrait précisé-

3

ment le son plus grave. Mais il n'en est rien.
La vitesse à imprimer à l'air, dans les deux
cas, est à peu près la même, et peut-être même
plus grande pour obtenir l'octave aiguë du
tube ouvert aux deux bouts. Cela s'explique
donc parce que ce n'est pas l'espace parcouru
par l'air, dans l'étendue du tube, qui produit
le son, mais seulement l'air qui entre en partie par un orifice pour en ressortir immédiatement, et auquel il faut donner une direction
différente pour les deux cas, et aussi suivant
le diamètre de l'orifice, circonstances qui déterminent son mouvement de vibration. Il nous
a paru nécessaire, pour obtenir le son dans le
tube ouvert aux deux bouts, de rétrécir l'espace d'introduction de l'air, c'est-à-dire de diminuer l'angle que forme le courant d'air avec
l'orifice circulaire du tube, mais non de varier
la vitesse de cette introduction.

Une analogie remarquable se manifeste entre
la manière de disposer la bouche pour siffler
un son, et celle de diriger l'introduction de
l'air dans un tube ouvert à ses deux extrémités, afin de lui faire produire celui qui lui est
propre. Le son du tube est toujours facile à
produire lorsque la bouche, appliquée à l'un
de ses orifices, est disposée de manière à ex-

primer le son semblable, ou l'une de ses octaves, ou l'une de ses consonnances du mode
majeur; l'intensité de la vitesse de l'air sifflé
et introduit demeurant d'ailleurs sensiblement
la même.

Lorsque la bouche veut exprimer les sons
sifflés, elle se forme en orifice circulaire, et la
même intensité dans la vitesse de l'air, chassé
ou introduit, produit une succession de sons
différens, dont la gravité ou l'acuité dépendent
uniquement de l'éloignement ou du rapprochement de la langue de l'orifice circulaire. Toutefois, ce rapprochement de la langue diminue
la capacité intérieure de la bouche, et peut
augmenter sensiblement l'intensité de la vitesse
de l'air chassé ou introduit.

Comparaison des vibrations de l'air avec celles
des corps solides.

Examinons maintenant les battemens dont
la fréquence constitue le son, dans les corps
solides, et comparons-les aux passages isochrones de l'air à travers les trous équidistans
du plateau tournant du palarithme, afin de
connaître quelles sont les circonstances qui,
dans les deux cas, peuvent produire un son
identique.

3..

Nous avons vu que, dans les cylindres, les vibrations se formaient en anneaux elliptiques, se coupant alternativement à angles droits. Il est évident alors qu'il y a deux battemens égaux, isochrones, par chaque vibration complète de ces cylindres. Dans le palarithme, chaque passage de l'air par un de ses trous se compose de l'entrée de cet air et de son interruption, dont les temps peuvent être inégaux. Mais chaque passage d'air ne forme, en effet, qu'un seul battement. Cela explique pourquoi le palarithme ne compte jamais que la moitié des battemens sonores des cordes tendues et autres corps analogues par leurs modes de vibrations (1).

Dans les plateaux, les vibrations qui s'y exécutent dans le sens de leur épaisseur, ne produisent, pour chacune d'elles, qu'un seul battement, et dès lors elles sont comptées en nombre égal des passages de l'air dans le palarithme. Si celles qui ont lieu dans le sens du

---

(1) M. Caignard de la Tour a montré que lorsque les interruptions étaient égales ou moindres que les passages d'air, les sons étaient flûtés, et que, dans le cas contraire, ils devenaient semblables à ceux de la trompette.

plan des plateaux produisent le même son, on voit qu'elles doivent être plus lentes de moitié, car elles se composent de deux battemens elliptiques alternatifs par chaque vibration.

Un tube cylindrique de 4 pieds de roi de longueur donne un son *ut* à 128 battemens du palarithme par seconde, et les tubes de longueurs doubles donnant des octaves graves à battemens sous-doubles, on voit que le tube de 32 pieds donne un son correspondant à 16 battemens du palarithme. Si donc l'on a remarqué 32 battemens dans le son du tube de 32 pieds, c'est par la raison que le mode d'introduction de l'air dans l'un de ses orifices, détermine un nombre de seize entrées et seize sorties du même air par cet orifice, lesquelles produisent ensemble ces 32 battemens, par leurs rencontres avec l'air ambiant extérieur.

En prenant la série inverse des octaves aiguës, on aura pour un tube d'un pied de longueur, 512 battemens du palarithme, ou 1024 battemens de l'air, et pour 1 pied métrique de longueur, on aurait très approximativement 500 battemens du palarithme par seconde, correspondant à 1000 battemens sonores dans l'air et dans les cordes vibrantes, ce qui nous a fait penser qu'il pourrait être

jugé convenable de prendre ce tube d'un tiers
de mètre de longueur , comme diapazon uni-
versel, donnant un son destiné à servir de
terme de comparaison, pour tous les instru-
mens et pour toutes les voix.

Dans deux tubes d'une longueur double
l'une de l'autre, on obtient deux sons qui produisent sur nous des impressions presque semblables , mais dont le nombre de battemens
est en raison précisément inverse de leurs longueurs, en sorte que si l'on représente par 1,
le son d'un tube d'une longueur 1, le son du
tube d'une longueur 2, devra être représenté
par $\frac{1}{2}$, en rapports de vibrations.

Ainsi, l'on obtiendra des sons d'une nature
semblable, et qui seront dans l'ordre

$$1, 2, 4, 8, 16 \ldots \text{ou} 1, \frac{1}{2}, \frac{1}{4}, \frac{1}{8}, \frac{1}{16}, \ldots$$

avec des tubes
de longueurs.. $1, \frac{1}{2}, \frac{1}{4}, \frac{1}{8}, \frac{1}{16} \ldots \text{ou} 1, 2, 4, 8, 16 \ldots$

Génération mélodique.

On peut obtenir aussi des sons qui soient intermédiaires entre deux sons semblables (1),

---

(1) Nous nommons ici *semblables* ou *identiques* des

tels que 1 et 2, et qui aient avec ceux-là des relations d'un ordre plus ou moins agréable.

N'avons-nous pas remarqué, en effet, que certains corps sonores nous ont indiqué natu- rellement plusieurs sons dont la succession ou la simultanéité étaient agréables à notre oreille, et que ces sons étaient principalement ceux dont les vibrations étaient dans les rapports les plus simples des nombres 1, 3, 5, ou de leur inversion 1, $\frac{1}{3}$, $\frac{1}{5}$. Or la loi précédente des sons semblables, donne pour le son 3, les identiques 6, 12, 24..... ou $\frac{3}{2}$, $\frac{3}{4}$, $\frac{3}{8}$.... etc. ; pour le son 5, les identiques 10, 20, 40..... ou $\frac{5}{2}$, $\frac{5}{4}$, $\frac{5}{8}$... etc. ; pour le son $\frac{1}{3}$, les iden- tiques $\frac{2}{3}$, $\frac{4}{3}$, $\frac{8}{3}$.... ou $\frac{1}{6}$, $\frac{1}{12}$, $\frac{1}{24}$..... etc. ; et pour le son $\frac{1}{5}$, les identiques $\frac{2}{5}$, $\frac{4}{5}$, $\frac{8}{5}$...... ou $\frac{1}{10}$, $\frac{1}{20}$, $\frac{1}{40}$.... etc.

On pourra donc placer entre les sons 1 et 2,

---

sons que l'ordre dit *diatonique*, en Musique, a fait nommer des *octaves*. Dans l'ordre chromatique qui va être développé, il conviendrait de les appeler des *douzièmes*.

dans l'ordre de leurs valeurs, des sons intermédiaires en relation de consonnance avec
eux, de la manière suivante :

$$1,\dots \frac{5}{4}, \frac{4}{3}, \dots \frac{3}{2}, \frac{8}{5}, \dots 2.$$

On a trouvé à y intercaler deux sons qui
ont un degré de consonnance moins direct
avec les sons générateurs, savoir, le son $\frac{5}{3}$
trouvé dans le plateau carré, et son analogue
renversé $\frac{3}{5}$, ou $\frac{6}{5}$, ainsi qu'il suit :

$$1,\dots \frac{6}{5}, \frac{5}{4}, \frac{4}{3}, \dots \frac{3}{2}, \frac{8}{5}, \frac{5}{3}, \dots 2.$$

On y a ensuite ajouté le son $\sqrt{2}$, trouvé dans
le plateau carré, et qui est la moyenne propor-
tionnelle géométrique entre les deux sons semblables 1 et 2 : puis le son $\frac{9}{8}$ trouvé dans le
plateau triangulaire équilatéral, et son ana-
logue renversé $\frac{8}{9}$ ou $\frac{16}{9}$ (composés aussi comme
carrés de $\frac{3}{2}$ et de $\frac{4}{3}$), qui se sont trouvés dans
l'ordre suivant :

$$1,\dots \frac{9}{8}, \frac{6}{5}, \frac{5}{4}, \frac{4}{3}, \sqrt{2}, \frac{3}{2}, \frac{8}{5}, \frac{5}{3}, \frac{16}{9}, \dots 2.$$

Et comme l'on a remarqué que les intervalles égaux de 1 à $\frac{9}{8}$ et de $\frac{16}{9}$ à 2, étaient égaux aussi à celui qui sépare $\frac{4}{3}$ de $\frac{3}{2}$; et qu'enfin les intervalles qui séparent la succession non-interrompue des sons $\frac{9}{8}$, $\frac{6}{5}$, $\frac{5}{4}$, $\frac{4}{3}$, $\sqrt{2}$, $\frac{3}{2}$, $\frac{8}{5}$, $\frac{5}{3}$ et $\frac{16}{9}$ étaient sensiblement égaux et susceptibles pour la plupart d'être représentés par le rapport $\frac{16}{15}$, résultant de la combinaison de deux sons consonnans $\frac{4}{3}$ et $\frac{4}{5}$, on a encore intercalé ce son et son analogue renversé $\frac{15}{16}$ ou $\frac{15}{8}$, dans la série précédente, qui alors s'est trouvée complète et régulière sous la forme suivante :

$$1, \frac{16}{15}, \frac{9}{8}, \frac{6}{5}, \frac{5}{4}, \frac{4}{3}, \sqrt{2}, \frac{3}{2}, \frac{8}{5}, \frac{5}{3}, \frac{16}{9}, \frac{15}{8}, 2.$$

La succession des sons formés dans ces rapports de vibrations, forme ce qu'on appelle, en Musique, la *gamme chromatique;* et l'on voit qu'elle sera obtenue par des tubes dont les longueurs suivront les rapports inverses, ou par des portions·d'une même corde tendue, qui auront ces mêmes derniers rapports :

$$\mathbf{I}, \frac{15}{16}, \frac{8}{9}, \frac{5}{6}, \frac{4}{5}, \frac{3}{4}, \frac{1}{\sqrt{2}}, \frac{2}{3}, \frac{5}{8}, \frac{3}{5}, \frac{9}{16}, \frac{8}{15}, \frac{1}{2} \quad (1).$$

On aurait pu, au lieu de ces rapports et de ces dimensions irrégulièrement déterminés, introduire entre les termes 1 et 2, ou 1 et $\frac{1}{2}$, onze termes moyens proportionnels géométriques qui auraient donné une série de sons exactement équidistans. Mais ces sons n'auraient nullement satisfait l'oreille, qui se plaît à se reposer sur des intervalles parfaitement consonnans qu'on aurait en vain cherchés dans une semblable répartition.

---

(1) Il serait à désirer, d'après cette formation de la gamme chromatique, que l'on en désignât chaque son par un nom spécial, en conservant toutefois ceux déjà en usage pour quelques-uns, ou, plus simplement, par le rang que chacun occupe, de la manière suivante, en adoptant le caractère o pour le son grave fondamental.

$$\left\{ \begin{matrix} \text{ut,} & d\acute{e}, & \text{ré,} & b\acute{e}, & \text{mi,} & \text{fa,} & da, & \text{sol,} & l\acute{e}, & \text{la,} & di, & \text{si,} & \text{ut.} \\ 0, & 1, & 2, & 3, & 4, & 5, & 6, & 7, & 8, & 9, & 10, & 11, & \left\{ \begin{matrix} 12 \\ 0 \end{matrix} \right. \end{matrix} \right.$$

CHAPITRE VI.

Lois des gradations des sons dans les divers corps sonores.

De même que l'on voit les divers degrés de longueur dans les tubes produire des variations dans les sons que l'on peut en obtenir par l'introduction de l'air, c'est-à-dire dans les nombres des battemens ou vibrations qui sont la cause primitive de ces sons, ainsi les diverses dimensions des cylindres, soit isolés, soit sous la forme de cordes tendues, la diversité dans les tensions des cordes et la variété des épaisseurs ou surfaces des plateaux de matières semblables, produisent aussi, dans les sons qui résultent de leur état de vibration, des variations analogues, et dont les lois sont faciles à saisir.

Nous avons déjà vu que, dans les cordes de diamètres semblables et tendues par des poids égaux, les sons marchent du grave à l'aigu, c'est-à-dire que les vibrations augmentent en raison précisément inverse de leurs longueurs, comme dans les tubes.

Lorsque ce sont les tensions qui varient,
les longueurs et les diamètres des cordes étant
les mêmes, les sons marchent du grave à
l'aigu, c'est-à-dire que les vibrations augmentent en raison directe des carrés des tensions ou des poids tendans, de sorte que la
gamme chromatique est obtenue par la série des poids

$$1, \left(\frac{16}{15}\right)^2, \left(\frac{9}{8}\right)^2, \left(\frac{6}{5}\right)^2, \left(\frac{5}{4}\right)^2, \left(\frac{4}{3}\right)^2,$$

$$2, \left(\frac{3}{2}\right)^2, \left(\frac{8}{5}\right)^2, \left(\frac{5}{3}\right)^2, \left(\frac{16}{9}\right)^2, \left(\frac{15}{8}\right)^2, 2^2.$$

Lorsque ce sont les diamètres qui varient,
les longueurs et les *poids tendans des cordes
étant les mêmes*, les sons marchent du grave
à l'aigu, en raison précisément inverse de leurs
diamètres, et la gamme chromatique est obtenue par la loi ci-dessus relative aux tubes.

Nous avons dit ici les *poids tendans* et non
les *tensions des cordes étant les mêmes*, à cause
de la différence qui existe entre ces deux ex-
pressions, et qui peut-être n'avait pas encore
été remarquée : car pour qu'il y eût uniformité
de tension dans les molécules des cordes de
longueurs égales et de diamètres différens, il
faudrait des poids proportionnels aux surfaces

des sections circulaires de ces cordes, ou aux carrés de leurs diamètres.

Dans les cylindres isolés de diamètres semblables, les sons marchent du grave à l'aigu, en raison inverse des carrés de leurs longueurs, en sorte que l'on obtient des sons semblables à. . . . . 1, 2, 4, 8, 16, etc., vibr. avec des longueurs

$$ 1, \frac{1}{\sqrt{2}}, \frac{1}{2}, \frac{1}{2\sqrt{2}}, \frac{1}{4} \ldots, \text{etc.} $$

Lorsque leurs longueurs étant égales, leurs diamètres varient, les sons marchent du grave à l'aigu, en raison directe de leurs diamètres, en sorte que l'on obtient des sons semblables à . . . . 1, 2, 4, 8, etc., vibr. avec des diamètres 1, 2, 4, 8, etc.

Ces deux lois sont communes aux cylindres fixés sur des plateaux par l'une de leurs extrémités.

Dans les plateaux ronds isolés, élémens des cylindres, les sons marchent du grave à l'aigu, lorsqu'ils ont des diamètres semblables, en raison directe de leurs épaisseurs, et les sons semblables s'obtiennent en suivant la loi précédente.

Lorsque leurs épaisseurs étant semblables, leurs diamètres varient, les sons marchent du grave à l'aigu en raison inverse des carrés de leurs diamètres, ainsi les mêmes sons semblables s'obtiennent par des diamètres 1, $\frac{1}{\sqrt{2}}$, $\frac{1}{2}$, $\frac{1}{2\sqrt{2}}$, $\frac{1}{4}$ ... etc.

Nous n'avons pas besoin de faire observer que nous n'avons considéré dans chacun de ces corps sonores, que le son qui s'y fait le plus remarquer par son intensité, et qui est obtenu dans des circonstances semblables pour chaque genre de corps sonore.

CHAPITRE VII.

Résonnances graves résultant de deux sons donnés.

Romieu et Tartini ont observé, il y a long-temps, que lorsque deux différens sons étaient produits à la fois, soit par deux cordes tendues, soit par deux tubes où l'air était introduit et qui se trouvaient à une petite distance l'un de l'autre, il se manifestait un ou plusieurs sons graves, variables suivant la différence des rapports des nombres de vibrations des deux sons générateurs. Ces musiciens ha-

biles ayant négligé de multiplier et de coor-
donner leurs expériences sur cet objet, ils ne
sont pas parvenus à trouver la loi de ces résonnances graves, et se sont égarés dans des
hypothèses sur une prétendue progression harmonique.

Nous avons essayé toutes les combinaisons
d'un son constant 1, avec tous ceux qui peuvent être intercalés entre ce son 1 et son semblable aigu 2 ; nous avons trouvé, par le se-
cours de l'oreille et à l'aide du raisonnement
qui suit, qu'il y avait constamment deux résonnances graves résultant de deux sons générateurs donnés, et que ces sons générateurs
étant exprimés par leurs nombres de vibrations m et $m + n$, ces résonnances graves
étaient le résultat de n et $m - n$ vibrations.

En effet, la cause des doubles résonnances
graves qui résultent de deux sons donnés ré-
side dans les rencontres régulières des ondes
sonores du milieu où se reproduisent ainsi les
vibrations formées par deux corps quelconques,
milieu qui est pour nous l'air par lequel ces vibrations nous sont transmises en nature de son.
Ces rencontres produisent ce phénomène, lors
même qu'elles n'ont lieu que pour des parties
aliquotes analogues dans les vibrations des

deux corps sonores, ou dans les ondes qui les représentent.

1er exemple.

Si deux sons donnés sont représentés par leurs nombres de vibrations 16 et 17, en une seconde, en distribuant ces nombres de vibrations isochrones pour chaque son, sur deux lignes de même longueur, en points également espacés, ainsi qu'il suit :

0	1	2	3	4	5	6	7	8	9	10	11	12	13	14	15	16	17
0	1	2	3	4	5	6	7	8	9	10	11	12	13	14	15	16	

On voit qu'en partant d'une première vibration chiffrée 0, dont le commencement est commun aux deux sons donnés, il n'y a plus de rencontre de vibrations qu'à la fin de la seizième du premier son et de la dix-septième du second ; en sorte que cette rencontre ne produit qu'un choc, qu'un battement par seconde.

2e exemple, où les sons générateurs sont à 16 et 18 vibrations.

0	1	2	3	4	5	6	7	8	9	10	11	12	13	14	15	16	
0	1	2	3	4	5	6	7	8	9	10	11	12	13	14	15	16	17	18

On voit qu'il y a deux rencontres en $\begin{cases} 8 \\ 9 \end{cases}$

et $\begin{cases} 16 \\ 18 \end{cases}$, donnant deux battemens par seconde.

3ᵉ exemple, où les sons sont à 16 et à 19 vibrations.

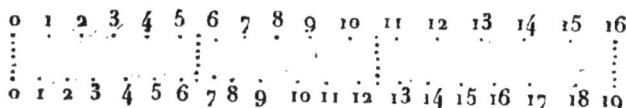

```
o   1   2   3   4   5   6   7   8   9   10   11   12   13   14   15   16
:                   :           :               :                   :
o   1   2   3   4   5   6   7   8   9   10  11  12  13  14  15  16  17  18  19
```

Il n'y a point de rencontres au commencement de 2 variations, mais aux points $\begin{cases} 5\frac{1}{3}, \\ 6\frac{1}{3}, \end{cases}$ $\begin{matrix} 10\frac{2}{3} \\ 12\frac{2}{3} \end{matrix}$ et $\begin{matrix} 16 \\ 19 \end{matrix}$; car si l'on supposait les nombres de vibrations triplés, c'est-à-dire de 48 et de 57, il y aurait rencontres précises à $\begin{cases} 16 & 32 \\ 19, & 38, \end{cases}$ et $\dfrac{48}{57}$. Ainsi cet exemple produit trois battemens équidistans par seconde.

4ᵉ exemple, où les sons sont à 16 et à 20 vibrations.

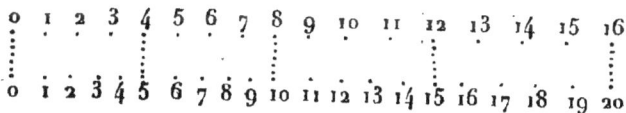

```
o   1   2   3   4   5   6   7   8   9   10   11   12   13   14   15   16
:           :           :               :                   :
o   1   2   3   4   5   6   7   8   9   10  11  12  13  14  15  16  17  18  19  20
```

On voit qu'il a y quatre rencontres qui donneront quatre battemens équidistans par seconde.

Il est inutile de rapporter d'autres exemples, où l'on retrouverait la même marche. Concluons

(5o)

de là que la série suivante de doubles sons

{ 16,16,16,16,16,16,16,16,16,16,16,16,16,16,16,16,16,

16,17,18,19,20,21,22,23,24,25,26,27,28,29,3o,31,32,

donnera les sons graves

0,1, 2,3, 4, 5, 6, 7, 8, 9,10,11,12,13,14,15,16,

exprimés par leurs battemens équidistans.

Examinons maintenant les circonstances inverses des rencontres des vibrations pour des

sons accouplés, tels que $\left\{ \dfrac{8}{15},\ \dfrac{8}{14},\ \dfrac{8}{13},\ \dfrac{8}{12},\right.$ etc.

1er exemple.

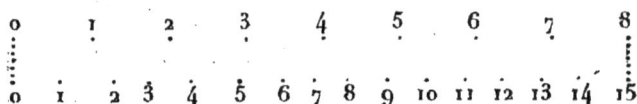

On voit qu'il n'y a qu'une seule rencontre

en $\left\{ \dfrac{8}{15}.\right.$

2^e exemple.

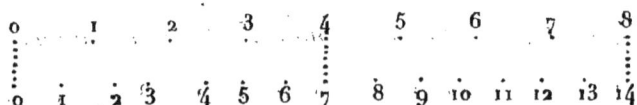

On voit qu'il y a deux rencontres en $\left\{ \dfrac{4}{7}\right.$

et $\dfrac{8}{14}.$

3e exemple.

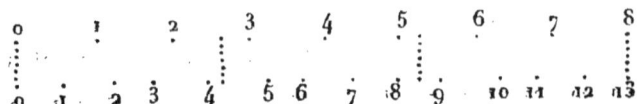

On voit que les rencontres ont lieu à $\left\{ \begin{array}{c} 2\frac{2}{3}, \\ 4\frac{1}{3}, \end{array} \right.$ $5\frac{1}{3}$ et $8\frac{2}{3}$; car si l'on triplait les nombres de vibrations, qui seraient alors 24 et 39, on trouverait les rencontres à $\left\{ \begin{array}{ccc} \frac{8}{13}, & \frac{16}{26} & \text{et} & \frac{24}{39}. \end{array} \right.$ Il y aura donc ici trois battemens par seconde.

4ᵉ exemple.

On voit qu'il y aura quatre battemens par se- conde à $\left\{ \begin{array}{ccc} \frac{2}{3}, & \frac{4}{6}, & \frac{6}{9} & \text{et} & \frac{8}{12}. \end{array} \right.$

Nous aurons donc pour la double série de sons $\left\{ \begin{array}{ccccccccc} \frac{8}{8}, & \frac{8}{9}, & \frac{8}{10}, & \frac{8}{11}, & \frac{8}{12}, & \frac{8}{13}, & \frac{8}{14}, & \frac{8}{15}, & \frac{8}{16}, \end{array} \right.$ les résonnances graves

$$8, 7, 6, 5, 4, 3, 2, 1, 0 ;$$

mais les premiers exemples nous ont donné la loi inverse

$$0, 1, 2, 3, 4, 5, 6, 7, 8.$$

Nous pouvons donc réunir les deux lois de ces résonnances dans la formule suivante :

Sons générateurs.

$m, m, m, m, m, m, m, m, m, m, m, m, m, m,$
$m, m+1, m+2, m+3, m+4, \ldots\ldots 2m-4, 2m-3, 2m-2, 2m-1 ; 2m.$

Résultantes.

$0, 1, 2, 3, 4, \ldots\ldots m-4, m-3, m-2, m-1, m,$
$m, m-1, m-2, m-3, m-4, \ldots\ldots 4, 3, 2, 1, 0.$

4..

Ou bien enfin nous dirons, plus généralement encore, que deux sons étant donnés et représentés par leurs nombres de vibrations m et $m + n$, leurs résultantes ou résonnances graves seront n et $m - n$.

Cette loi explique pourquoi certains intervalles sonores ne donnent qu'une seule résonnance sensible, en ce que la seconde est alors un son semblable (octave) grave, soit de la première résonnance, soit de l'un des deux sons générateurs, et qu'alors elle se confond avec eux.

Génération harmonique.

Nous avons appliqué cette loi à un travail particulier sur l'origine des divers accords consonnans et dissonans ; mais ce n'est pas ici le lieu de traiter cette matière, qui a été développée dans nos *Principes de Mélodie et d'Harmonie*. Nous nous bornerons à faire observer que toutes les résultantes de deux sons donnés sont susceptibles d'être entendues par une oreille exercée, lorsque leurs nombres de vibrations excèdent la limite grave de 32 par seconde. Ainsi, deux sons, *ut* de 512 et *fa*⃰ de 724 vibrations par seconde, font entendre distinctement les sons graves à 212 et

3oo vibrations, qui correspondent à un *la* et à un *ré*＊.

∿∿∿∿∿∿∿∿∿∿∿∿∿∿∿∿∿∿∿∿∿∿∿∿∿∿∿∿∿∿∿∿∿∿∿∿∿

CHAPITRE VIII.

Lois générales des vibrations dans les solides semblables.

Les lois d'après lesquelles on voit les nombres des vibrations des corps sonores en forme de plateaux et de prismes , augmenter ou diminuer , ont une connexion qu'il est important de faire remarquer.

Supposons un prisme quadrangulaire rectangle, dont les côtés égaux seront représentés par *a*, et la longueur par *l* ; son cube sera exprimé par *aal*. Supposons encore que le son aigu de sa partie centrale , le plus distinct , soit représenté par son nombre de vibrations *n*.

La loi des sons semblables des prismes de diverses longueurs , leurs côtés restant les mêmes , donnera pour la série des prismes

$$aal, \ aa\,\frac{l}{2}, \ aa\,\frac{l}{4}, \ \frac{aal}{8}, \ \frac{aal}{16} \cdot\cdot \ \text{etc.,}$$

les sons $\quad n, \quad 4n, \quad 16n, \ 64n, \ 256n.. \ \text{etc.}$

Et si l'on a $\frac{l}{16} = a$ et $n = 1000$, on aura pour le cube exact a^3, un son à 256000 vibrations par seconde, lesquelles toutefois ne seront pas perceptibles pour notre oreille, comme son.

Si maintenant nous considérons que les plateaux carrés sont des élémens des cubes, nous pourrons former une série de plateaux en partant du cube a^3, soit en augmentant en raison double deux de ses dimensions a, soit en en diminuant une seule en raison sous-double; alors la loi relative aux vibrations des plateaux donnera pour la double série

$$a^3, \ a(\sqrt{2a})^2, \ a(2a)^2, \ a(2\sqrt{2a})^2, \ a(4a)^2, \ldots \text{etc.},$$

$$a^3, \quad \frac{a}{2}a^2, \quad \frac{a}{4}a^2, \quad \frac{a}{8}a^2, \quad \frac{a}{16}a^2, \ldots \text{etc.};$$

les nombres de vibrations

$$256n, \ 128n, \ 64n, \ 32n, \ 16n, \ldots \text{etc.}$$

Les neuvièmes termes de ces trois séries seront

$$\begin{cases} 256a^3 \\ \dfrac{a^3}{256} \\ n \end{cases}, \text{ou, si l'on fait } \frac{l}{16} = a, \begin{cases} all \\ \dfrac{all}{65536} \\ n \end{cases} \text{ou} \begin{cases} al^2 \\ a\dfrac{l^2}{(216)^2} \\ n \end{cases};$$

et ils indiquent que le son primitif n du prisme carré aal doit se retrouver dans le plateau d'une épaisseur $\frac{a}{256}$ et du côté a, ainsi que dans le plateau d'une épaisseur a et du côté $16l$, ou $256a$: ce que nous ayons trouvé confirmé par l'expérience d'un prisme aal et d'un plateau all; le rapport de a à l, quel qu'il soit, ne changeant rien aux résultats.

Une conséquence de ces lois est aussi que des corps vibrans quelconques, dont les trois dimensions seront exprimées par a, b, c, et leurs multiples, formant des cubes abc, $(2)^3abc$, $(3)^3abc$, $(4)^3abc$... etc. , formeront dans des temps égaux des nombres de vibrations qui seront dans les rapports 1, $\frac{1}{2}$, $\frac{1}{3}$, $\frac{1}{4}$... etc. Cela est évident, car puisque l'on obtient avec le cube a^3 et le plateau $a^2\frac{a}{2}$ des nombres de vibrations dans le rapport de 1 à $\frac{1}{2}$; et, puisque l'on obtient avec le plateau $a^2\frac{a}{2}$ et le cube $\left(\frac{a}{2}\right)^3$ des nombres de vibrations dans le rapport de 1 à 4, on aura pour le cube a^3 et le cube $\left(\frac{a}{2}\right)^3$ des nombres de vibrations dans le rapport de 1 à 2.

Cette loi est le principe ondamental qui

doit guider les fondeurs de cloches, et nous l'avons expérimenté en petit par la construction de quatre gobelets de verre cylindriques, dont toutes les dimensions suivent exactement les rapports des valeurs 1, $\frac{4}{5}$, $\frac{2}{3}$, $\frac{1}{2}$, et qui donnent, avec justesse, les sons 1, $\frac{5}{4}$, $\frac{3}{2}$, 2, qui constituent l'accord parfait du mode majeur.

Si l'on considère que dans le plateau carré, il se forme trois espèces de vibrations, dont les centrales ayant une fréquence exprimée par n, celles des milieux des côtés ont la fréquence exprimée par $\frac{3\sqrt{2}.n}{5}$, et les angulaires celle $\frac{3n}{5}$, on en conclura que les mêmes circonstances doivent se rencontrer dans les cubes, dont les milieux des faces, les milieux des côtés et les angles doivent former leurs vibrations diverses à peu près dans les mêmes rapports.

On a observé aussi que, dans les plateaux circulaires, il y avait deux espèces de vibrations, celles du centre qui, ayant une fréquence n, donnent pour celles des bords une fréquence $\frac{5n}{8}$. Ainsi, même analogie entre les vibrations des milieux des faces circulaires des cylindres et celles de leurs bords.

Prenons maintenant un plateau carré en verre ou en cristal, ayant un décimètre de côté, et une épaisseur de $\frac{1}{64}$ de décimètre. Prenons aussi un plateau rond ayant la même épaisseur, et un décimètre de diamètre. Mettons-les l'un et l'autre en état de vibration par une percussion à leurs centres; ils donneront, à très peu de chose près, le même son central, que nous pouvons évaluer ou supposer sans erreur considérable, être un *la* de 426 $\frac{2}{3}$ vibrations par seconde. Il est évident que le cube d'un décimètre de côté, et le cylindre de même hauteur et de même diamètre, formeront à leur partie centrale 64 fois ce nombre de vibrations, c'est-à-dire 27306 $\frac{2}{3}$ vibrations par seconde, si elles se trouvent dans des circonstances qui leur permettent de s'exercer, et de se manifester de quelque manière à l'un de nos sens.

Nous pouvons donc affirmer aussi qu'une sphère de même matière, et qui aurait un décimètre de diamètre, fera dans le même temps

un nombre de vibrations très peu différent.
Or, cette sphère de cristal, si nous la laissons
tomber d'une certaine hauteur sur un plan
immobile et horizontal, se relèvera par l'effet
de son état de vibration, qui nous manifeste
son élasticité. Si cet état de vibration n'est
rendu sensible, en outre, que par un bruit et
non par un son, c'est parce qu'il ne se prolonge pas pendant un temps assez long pour
devenir sensible comme son : il peut, en effet,
durer une tierce de temps, et faire 455 vibrations sans que l'oreille puisse les apprécier autrement que comme bruit. Nous avons eu
souvent l'occasion d'éprouver les vibrations
sonores, très aiguës et assez prolongées, de
certaines masses de bronze mises en mouvement, telles que des mortiers lançant des
bombes, ou les bombes elles-mêmes lancées;
un choc ordinaire n'aurait pu les mettre en
état de vibration sonore.

Il n'est point hors de propos, à cette occasion, de montrer encore ici la relation nécessaire de la faculté élastique avec l'état de vibration, et quelques-unes de ses conséquences.

Transmission du mouvement.

Un corps solide, une sphère en cristal ou en acier, ou en ivoire, une molécule sphérique quelconque, ne sauraient recevoir ni transmettre un mouvement d'un corps, ou à un autre corps, s'ils n'étaient doués de la faculté de vibrer, nommée *élasticité*, à moins d'être mûs par une volonté, dans un milieu fluide ou gazeux, comme une boule lancée par la main de l'homme dans l'eau, dans l'air, etc. D'ailleurs, si cette boule ainsi lancée, et même supposée sans élasticité, déplace les molécules d'eau, d'air, etc., c'est parce qu'elles sont elles-mêmes susceptibles de compression, d'action les unes sur les autres, et par conséquent douées d'élasticité, sans quoi elles ne pourraient être déplacées.

Si une boule élastique est lancée sur une autre boule semblable en repos, mais mobile, dans la direction de leurs centres de gravité, le choc qui en résultera produira dans les deux boules un état de vibration semblable, composé, pour chaque vibration, de deux momens distincts; dans le premier moment aura lieu un mouvement de contraction dans les diamètres opposés des deux boules; dans le se-

cond moment aura lieu le mouvement contraire de dilatation, par lequel les deux boules
se pressant mutuellement, et d'une manière
égale, il faut nécessairement qu'il y ait dépla-
cement de l'une ou de l'autre.

Dans cet état de choses, la vitesse avec laquelle la première boule était dirigée contre
l'autre, représentée par la quantité dont son
diamètre se trouve diminué dans le premier
moment de la vibration, se trouve détruite
par la vibration de la boule choquée, égale à
celle de la boule choquante : celle-ci dès lors
reste en repos ; mais la boule choquée est obligée de se déplacer avec toute la vitesse de la
première boule, qui lui est communiquée par
un mouvement semblable de vibration : elle
s'éloigne donc avec la vitesse de la première
boule, représentée par l'extension de son diamètre dans le second moment de sa vibration,
et dans le prolongement de la même direction.

Dans ce fait nous ferons remarquer que c'est
la dimension de la boule et la faculté vibratoire propre à la matière dont elle se compose,
qui déterminent le temps de la durée de la
vibration élastique qui communique le mouvement de l'une à l'autre. Ainsi une boule de
cristal d'un décimètre de diamètre que nous

avons trouvé devoir former 27306 $\frac{2}{3}$ vibrations dans une seconde, lesquelles pourraient former le double de battemens sonores, consommera environ $\frac{1}{27307}$ de seconde de temps dans la communication de son mouvement. On peut conclure de là que si une boule semblable est dirigée sur une file de boules pareilles, contiguës et en ligne droite, au nombre de 27307, formant une longueur de 2730,7 mètres, le mouvement de la boule choquante sera transmis au bout d'une seconde à la dernière boule de la rangée. On voit que ce mouvement de transmission est à peu près octuple de celui de l'onde sonore dans l'air.

Si l'on suppose une file de 54614 boules d'un diamètre moitié des précédentes; comme elles feront d'après la loi des sons semblables, en raison double dans les cubes de dimensions sous-doubles, chacune un nombre de vibrations double dans le même temps, il est évident que le mouvement d'une semblable boule choquant la première de la file, sera transmis à la dernière dans la même seconde de temps.

D'après cela, il nous paraîtrait probable qu'un cylindre de même matière et de même longueur que cette file de boules, transmettrait au bout d'une seconde, de l'une de ses extrémités à l'autre, le choc qu'il aurait reçu, pourvu toutefois que la variété dans la dimension de son diamètre n'apportât pas à cet égard quelques modifications. Dans tous les cas, il est essentiel de ne pas confondre le bruit du choc, transmis par le moyen de l'air, avec la transmission de la vibration d'un cylindre dans son sens longitudinal.

Il résulte de ce que nous avons dit ci-dessus que si une boule est dirigée sur une autre de même matière, mais d'un diamètre moitié du sien, la boule choquée faisant nécessairement deux vibrations pendant que la choquante en fait une, elle sera chassée avec une vitesse double de celle de la choquante au moment de son choc, cette dernière conservant seulement dans la continuation de son mouvement la moitié de sa première vitesse.

Nous venons de voir que le mouvement de transmission dans des globules de cristal, serait huit fois plus rapide que celui qui a lieu dans des globules d'air. On sait que la marche de la lumière dans l'espace est 900000 fois plus rapide que celle du son dans l'air. L'élasticité du fluide dans lequel se transmettent, à travers l'espace, les vibrations lumineuses, nous paraît donc devoir être 900000 fois plus vive que celle de l'air, et 12500 fois plus que celle du cristal.

Si l'on suppose aux molécules indivisibles de l'air un millième de millimètre de diamètre, on trouvera qu'elles feraient 333333333 $\frac{1}{3}$ vibrations en une seconde, tandis qu'un globule de cristal de même dimension en ferait 2730700000, et qu'enfin, une semblable molécule du fluide éthéré de l'espace en ferait 300 000 000 000 000 dans le même temps.

Solution de continuité dans les solides.

Il peut arriver qu'un corps soit mis, par un choc, dans un état de vibration tel, que dans son premier moment la dimension de l'extension de l'écart qu'il éprouve alternativement sur ses axes de vibration, excède la limite convenable à l'adhésion de ses molécules; alors il y aura nécessairement solution de continuité dans ces molécules, et brisement ou fracture dans ce corps. On sait que jadis, vers la fin des repas, on faisait chanter les amateurs, et qu'ils se plaisaient à donner à leurs voix la plus grande intensité, dans des tenues qu'on appelait des *ports de voix*. Alors on voyait tout à coup des verres minces éclater en morceaux.

Quelle autre explication pourrait-on donner
de ce fait que l'étendue trop grande imprimée
à la vibration sonore dans des verres qui auraient donné, en les frappant, des unissons ou
des octaves des sons des voix des chanteurs?

LIVRE II.

APPLICATION DE LA THÉORIE DES VIBRATIONS
A DIVERS PHÉNOMÈNES DE PHYSIQUE.

CHAPITRE PREMIER.

Transparence des corps. Lumière, sa réfraction,
sa réflexion, sa polarisation.

Les diverses substances perceptibles par nos
sens nous apparaissent sous trois formes prin-
cipales ; 1°. la forme solide ou cristalline, dans
laquelle la matière se présente en une agglomération de molécules *immobiles les unes par
rapport aux autres*, et retenues dans cette
fixité par une puissante force de cohésion ;
2°. la forme fluide ou liquide, dans laquelle les
molécules de la matière ont une simple adhérence en s'agglomérant autour d'un noyau solide qui les attire, et ont de plus la faculté
d'un *mouvement de rotation, soit sur leurs
divers axes, soit les unes autour des autres* :
cette adhérence est due à une force d'attraction
moléculaire beaucoup moins puissante, sou-

5

mise à celle du noyau autour duquel le liquide s'agglomère, laquelle augmente en raison de son volume; elle peut être facilement vaincue; 3°. la forme gazeuse ou aérienne, dans laquelle les particules de matière ont une adhérence analogue à celle des particules fluides dont elles semblent un développement, mais par une conséquence d'un principe diamétralement opposé, savoir, *une faculté d'expansion, de dilatation, qui semble sans limites*, et qui sollicite chaque espèce de gaz à chercher sa place dans l'espace, en s'éloignant de tout centre d'attraction fluide ou solide, en raison inverse de sa densité.

Un degré puissant de compression peut ramener un gaz à la forme liquide, et une circonstance de température plus ou moins froide, suivant la nature du liquide, peut le convertir à l'état cristallique (1)

La transparence de la matière dans ces trois états paraît tenir à une parfaite homogénéité et similitude dans la nature et la forme des molécules qui la composent, comme à l'intime union de toutes ses molécules, soit globuleuses, soit lamelleuses, union qui fait disparaître toute ma-

(1) *Voyez la note D.*

nifestation de leurs faces et de leurs contours, et
fait un tout compacte de leur ensemble. Cette
transparence doit par conséquent être considérée comme une propriété naturelle à la matière
dans ses élémens simples et primitifs.

La totalité des corps opaques, soit solides,
soit fluides ou gazeux, se compose de plusieurs
espèces de matières confusément amalgamées,
ou de molécules qui, quoique de même matière, sont de diverses formes et de diverses
grandeurs; ces corps ne peuvent être amenés à
un état parfait de cristaux, ou de fluides et de
gaz transparens, que par une fusion qui rend
toutes leurs molécules semblables, ou par leur
décomposition, c'est-à-dire par la séparation
en masses distinctes de toutes les diverses na-
tures de matières qui les composent.

On trouve des grès de diverses couleurs et de
diverses duretés; ils sont opaques, et pourtant
si on les brise, on voit qu'ils se réduisent en
particules transparentes, quelquefois légère-
ment colorées, et d'autres fois parfaitement
blanches, et qui sont du verre ou du cristal
plus ou moins purs. La cause de l'opacité de
ces grès est évidemment la confusion de
l'agglomération de leurs particules dissemblables. Toutefois il existe des matières di-

5..

verses que leur mélange amalgamé par la fusion ou autrement, amène à l'état de transparence.

Lumière.

Les physiciens ont long-temps attribué la transparence des corps à la faculté qu'ils leur supposaient de laisser passer à travers leurs pores la lumière, qu'ils considéraient comme une matière extrêmement subtile, éthérée, presque immatérielle; mais en considérant la lumière comme une matière, quelque infiniment subtile que l'on puisse la concevoir, ils avaient admis une hypothèse de toute impossibilité.

En effet, si la lumière, quelque éthérée qu'elle soit, est pourtant une matière, il faut supposer au corps transparent, au cristal, par exemple, des pores quelconques qui la laissent passer. Si la lumière, après avoir traversé le cristal, conserve dans tous ses points une intensité d'éclat semblable à celle qu'elle avait auparavant, les rayons lumineux, dont alors le nombre peut être considéré comme infini, auront nécessairement passé par un nombre de pores également infini. Voilà donc, suivant ces physiciens, et pour ce seul cas, un corps matériel qui se trouve percé *d'un nombre in-*

fini de pores rectilignes : que ces pores soient
infiniment petits, ils n'en détruiront pas moins
la possibilité de l'existence de la matière dans
ce corps. Or, ce cristal pouvant être taillé et
terminé par deux faces parallèles, dans *l'infinité de directions* que l'on peut faire passer
dans un plan autour d'un centre, la lumière
passera aussi par cette *infinité de directions*
de nouveaux pores rectilignes *en nombre infini* :
et enfin, comme ce cristal peut encore être
taillé de la même manière dans *l'infinité de
positions* que l'on peut faire prendre à ce plan
autour d'un axe, on voit que le nombre des
pores rectilignes de ce cristal devrait être un
infini du troisième ordre, pour donner passage
à la lumière dans toutes les directions. Dire
que la lumière est une matière, c'est donc soutenir une absurdité. (*V*. la note E) (1).

Si le raisonnement précédent est d'une vérité mathématique démontrée, il est nécessaire
d'en admettre les conséquences; si la lumière
n'est pas une matière, elle ne peut être que le

---

(1) Une conséquence de ces physiciens, dans leur
hypothèse, a été d'admettre que dans des corps
transparens, tels que le cristal, le diamant, il y avait
infiniment plus de vide que de plein ; que dès lors les
molécules de ces corps étaient isolées, et soutenues,

résultat d'un état de vibration de la matière, perçu par nos yeux, et nous le prouverons en montrant que tous les phénomènes de la transparence des corps, de la réfraction, de la réflexion de la lumière, de sa polarisation, de sa dispersion en faisceaux colorés, etc., s'expliquent naturellement et parfaitement par ce principe.

Nous avons vu que les vibrations devaient avoir une fréquence prodigieuse dans le fluide éthéré de l'espace qui nous les transmet avec une extrême vitesse. Rien ne s'oppose à ce qu'elles soient transmises, sinon avec la même vitesse, du moins avec le même degré de fréquence aux molécules de l'air, susceptibles, comme nous l'avons observé, de toutes les fréquences dans la transmission des vibrations. Ainsi donc ces vibrations agissent sur tous les objets, par l'intermédiaire de l'air, avec la même énergie que celle qui anime le fluide éthéré. Par conséquent, si un parallélépipède rectangulaire de cristal est placé entre le soleil

---

on ne sait comment, dans un espace vide, sans aucun contact entre elles ; semblables à ces globules d'eau suspendus dans les airs, mobiles au moindre souffle, et dont cependant des couches très légères nous dérobent la lumière du jour.

et nos yeux, dans une position telle que deux de ses faces opposées soient perpendiculaires au rayon solaire, la vibration partant du soleil considéré comme un seul point lumineux, sera transmise par le cristal, mis lui-même en état de vibration, à la couche d'air du côté de nos yeux, comme il l'aura reçue de la couche d'air du côté du soleil. Seulement, la manière dont le parallélépipède exécutera ses propres vibrations, c'est-à-dire la puissance de sa propre faculté vibratoire, pourra accélérer ou retarder l'arrivée de chaque ondulation lumineuse dans l'espace qu'elle a à parcourir pour le traverser, mais sans altérer la fréquence ni la direction des ondulations ou vibrations lumineuses; leur fréquence, parce que, chacune d'elles serait accélérée ou retardée d'une quantité égale; leur direction, parce que, dans le cas supposé, le rayon lumineux est dans la direction de l'axe des vibrations du parallélépipède.

Il est important d'observer que les vibrations formées par le parallélépipède, dans ce cas, si elles s'exécutent de la manière qui est propre à sa forme, et telle que nous l'avons déterminée en parlant des vibrations sonores des plateaux, n'en doivent pas moins se suc-

céder à chaque percussion de l'onde lumineuse, et être par conséquent en nombre égal,
dans le même temps que les ondulations lumineuses. Ce ne serait que dans le cas où le plateau n'aurait reçu qu'un seul choc d'une seule
onde lumineuse, qu'abandonné à lui-même,
il se bornerait à former ses propres vibrations
avec la vitesse calculée d'après ses dimensions (1).

Réfraction.

La réfraction de la lumière a lieu lorsque le
rayon lumineux passant d'un milieu dans un
autre, en suivant une direction inclinée à la
face que ce dernier lui présente, s'écarte de sa
direction primitive, dans l'intérieur de ce dernier milieu, en se rapprochant ou s'éloignant
de la perpendiculaire à cette face, c'est-à-dire
de l'axe de vibration de ce nouveau milieu.
Ainsi, par exemple, en venant du soleil à travers l'atmosphère, et se dirigeant sur un parallélépipède rectangulaire de cristal, ou sur

---

(1) On peut admettre que les corps qui conservent
la faculté lumineuse pendant la nuit, après avoir été
exposés à la lumière du soleil, ont reçu de lui un
mouvement de vibration, qui se continue long-temps
encore, dans le mode propre à ces corps.

une couche d'eau DD'C'C (fig. 3.), le rayon lumineux SA se brise au point de contact de l'eau ou du parallélépipède de cristal, dont la face DD' forme un angle aigu avec ce rayon, et prend dans ce nouveau milieu la direction AB, plus rapprochée de la perpendiculaire AP à sa face DD'.

La percussion de l'onde lumineuse, dans la direction du rayon SA, détermine un mouvement de vibration dans le parallélépipède DD'C'C, dans le sens de son épaisseur AP, alternant avec celui qui a lieu dans le sens du plan EE' qui lui est perpendiculaire. Le mouvement de vibration, dans le sens AP, détournera donc le rayon de l'onde lumineuse de sa direction SA, à chaque percussion, d'une quantité quelconque, mais égale pour chacune; variable seulement suivant l'énergie diverse de l'élasticité propre à la matière du parallélépipède, et qui, dans le cristal, dont la faculté vibratoire est à peu près octuple de celle de l'air, rapprochera la direction du rayon de l'onde lumineuse de la perpendiculaire AP à la face DD' du parallélépipède. Parvénu à la face opposée CC', au point B, le rayon lumineux retrouvant dans l'atmosphère les circonstances dans lesquelles il était avant d'avoir traversé le parallélépipède, reprendra une direction BT, parallèle à SA, parce que la vibration de ce solide ou fluide intermédiaire cessera d'exercer son action sur lui.

Ainsi se trouvent expliqués, d'une manière aussi évidente que simple, des phénomènes que, jusqu'à ce moment, on n'avait pu attribuer qu'à une attraction exercée par des milieux plus ou moins denses, sur la prétendue matière lumineuse, et aux obstacles que lui opposaient des molécules opaques que l'on prétendait être disséminées dans ces milieux.

Réflexion.

Nous n'avons pas besoin d'entrer dans aucune recherche d'explication de la réflexion de la lumière par des angles égaux à ceux d'incidence, sur tous les points des diverses faces des corps transparens ou opaques, qui peuvent se trouver dans la direction du rayon de l'onde lumineuse, réfracté ou non. Cette explication est aussi simple et aussi facile par le fait de la transmission de la percussion des vibrations que par l'hypothèse d'une matière qui est supposée rejaillir de la face d'un corps; tandis que l'on pourrait demander comment il se ferait que cette matière lumineuse pourrait traverser, en totalité, une masse de cristal ou de diamant, et néanmoins, se répandre à grands flots, par la réflexion des faces d'un tel solide, au moment d'y pénétrer et au moment d'en sortir, sans la moindre diminution d'intensité dans sa direction primitivement prolongée : phénomènes qui trouvent leur solution complète dans la théorie des vibrations.

Polarisation.

Les phénomènes de la polarisation de la lumière trouvent aussi leur explication dans cette théorie.

Lorsque le rayon SA, de l'onde lumineuse (fig. 4), arrive dans un plan perpendiculaire à la surface A, en faisant avec l'axe xy de cette surface un angle tel qu'il soit réfléchi de A en B, sur une autre surface B; on conçoit que si l'axe vz de cette dernière surface faisant avec AB un angle quelconque, soit du côté S, soit du côté C de AB, est cependant dans le même plan précédent, perpendiculaire à cette surface B, la réflexion aura lieu par un angle égal à celui d'incidence sur la surface B, toujours dans le même plan. Mais si le plan ABzC est perpendiculaire au plan BAxS, le rayon AB ne peut plus être réfléchi en C, qui est le point

du plus grand écartement de la direction indéfiniment prolongée dans le plan SAxB; ou,
s'il y est réfléchi, ce n'est qu'avec un minimum
quelconque d'intensité.

Puisqu'il est manifeste que lorsque l'axe $v z$,
de la surface B, s'écarte de la direction du
plan SAxB, l'énergie du rayon de l'onde lumineuse diminue en raison des angles de cet
écartement, ne pourrait-on considérer, par
exemple, que les ondes lumineuses en nombre
immense qui se succèdent, ayant pour rayon
SA, croisées une première fois par celles qui
se succèdent dans la direction AB, sont encore
croisées une seconde fois par celles qui doivent
avoir lieu dans la direction BC, et que plus
cette direction BC s'écartera du plan SAxB,
plus le nombre des rencontres de ces ondes
augmentera, et plus il sera difficile aux rayons
des ondes du dernier renvoi de trouver un
passage pour leur manifestation : qu'enfin les
obstacles à cette manifestation seront à leur
maximum lorsque la direction BC sera dans un
plan perpendiculaire au précédent. Le même
raisonnement n'expliquerait-il pas aussi pourquoi ces manifestations des réflexions des
ondes lumineuses peuvent avoir lieu lorsque les angles d'incidence SAx et ABv sont

plus ou moins aigus qu'une certaine limite (1)?

~~~~~~

CHAPITRE II.

Dispersion colorée de la lumière.

Le phénomène le plus difficile à expliquer
dans l'hypothèse de la *matière lumineuse*, est
sa dispersion, sa décomposition colorée par un
angle de matière transparente qu'il traverse ;
angle qui peut varier, mais qui produit constamment cette dispersion colorée lorsque son
ouverture est moindre qu'environ 80 degrés,
limite au-delà de laquelle le rayon lumineux
ne peut plus en sortir.

---

(1) Si l'on nous accuse ici de ne former qu'une hypothèse, qui ne saurait convenir dans plusieurs cas,
nous pourrons alléguer que l'explication donnée par
M. Biot, sans doute d'après Malus, se fondant sur des
molécules lumineuses, tantôt douées, même dans leur
trajet à travers un cristal, d'un mouvement d'oscillation, de rotation, etc., tantôt privées de ces facultés, comme dans la polarisation, ne saurait non
plus donner de satisfaction complète, et répugne surtout à l'explication de la transparence parfaite.

Si l'on examine ce qui se passe dans la tranche triangulaire d'un prisme soumis à l'action vibratoire annulaire, on verra que cette action doit nécessairement opérer cette dispersion en modifiant la vitesse de l'onde lumineuse ou sa fréquence, à chacun des points où elle est obligée de se disperser, et que de cette modification graduelle doit dériver cette variété dans la nouvelle impression vibratoire, qui se manifeste pour nos yeux en nuances diversement et graduellement colorées. Nous nous bornerons à considérer ce qui se passe dans le prisme triangulaire équilatéral, le raisonnement que nous lui appliquerons s'appliquant de même à tout autre périmètre triangulaire, et devant suffire pour expliquer l'exception qui a lieu pour les angles de plus de 80 degrés.

Soit donc le triangle YA′X (fig. 5), représentant la section d'un prisme de cristal soumis à l'action des ondes lumineuses exercée par l'air qui les a reçues dans toutes leur énergie de l'éther répandu dans l'espace, et les transmet immédiatement au prisme qui est en contact avec lui (1). Si cette action est reçue par la

_____

(1) Nous ne prétendons pas combattre l'opinion de quelques physiciens qui pensent que c'est seulement

face YX, quelle que soit la direction du rayon de l'onde lumineuse, un mouvement de vibration annulaire s'établira dans le prisme, dont les axes seront, l'un une ligne SAA' perpendiculaire à cette face YX, et l'autre une perpendiculaire à cette ligne. C'est ce qui est démontré par les expériences des plateaux triangulaires mis en état de vibration par un frottement ou des chocs répétés sur l'une de leurs faces, et où l'on voit une poussière fine répandue sur leur surface s'éloigner des extrémités de ces axes et s'agglomérer aux endroits les moins exposés à l'action vibratoire, dans les intervalles entre les axes de ce mouvement. Il en résultera que le triangle prendra alternativement les formes yax et $y'a'x'$, et que la face YX se mouvant toujours parallèlement à elle-même, les faces XA' et YA' prendront alternativement deux positions inclinées en sens contraire sur leur position primitive, en faisant successivement les angles a, y', x', plus grands, et les angles a', y, x, plus petits que 60 degrés.

Si le rayon de l'onde lumineuse se trouvait précisément dans la direction SAA'S' de l'axe

un fluide répandu dans l'air même, le résultat serait semblable.

de la vibration annulaire du prisme perpendiculaire à la face qui le reçoit, on conçoit qu'il ne serait pas détourné de sa direction par le mouvement vibratoire du prisme. Seulement chaque onde lumineuse pourrait se trouver retardée ou accélérée d'une quantité égale, suivant la puissance de cette faculté dans le cristal, comparée à celle du milieu antérieur.

Nous allons examiner la marche d'un rayon incliné sur la face YX, tel que S"A" qui, au lieu de se prolonger vers S''', prend d'abord la direction A"B, en se rapprochant de l'axe vibratoire AA', et puis sortant du prisme au point B, au lieu de reprendre une direction BT, parallèle à S"S''', ou de se prolonger en B', s'incline encore sur la face XA', en faisant d'abord l'angle CBA', qui augmente quand S"A"Y diminue et se disperse en outre en nuances colorées dans l'angle CBC' qui varie d'ouverture, soit en raison de l'inclinaison de S"A" sur la face YX, soit aussi en raison de la puissance de la faculté vibratoire de la matière du prisme. On remarquera que le rouge le plus pur et le plus vif occupe précisément le bord C, le plus rapproché de B', puis passe au jaune vers le milieu de l'angle par les nuances mêlées de rouge et de jaune, puis passe au vert, au bleu pur, et enfin à une teinte violette dont la nuance la plus rapprochée du rouge se trouve au bord opposé C'.

Nous supposons dans cette figure que le point B d'émergence du rayon lumineux est précisément celui de l'intersection des deux lignes qui marquent l'alternation des positions de la face XA' du prisme.

Dans la marche A″B que suit le rayon lumineux en entrant dans le prisme, il n'est rien qui ne soit conforme à la loi de la réfraction déjà expliquée par le mouvement de vibration propre au prisme, et qui rapproche à chacune de ces vibrations et d'une quantité égale, le rayon de l'onde lumineuse de la direction de l'axe de vibration SAS'.

Nous ne nous occuperons ni des variations de ce rapprochement qui dépendent et de l'inclinaison du rayon S″A″, et de l'ouverture de l'angle X, ni de celles qui ont lieu dans l'écartement du rayon émergent BC ou BC', par rapport au point B', et qui dépendent des mêmes causes; nous ne voulons examiner que la dispersion de C en C', en elle-même, et sans égard aux mêmes causes de la variété de son étendue. Toutefois, nous signalerons les principaux phénomènes résultans de l'in-

6

fluence du prisme triangulaire sur le rayon lumineux.

Avant de considérer l'émergence du rayon de l'onde lumineuse du point B du prisme, examinons ce qu'il devient lorsqu'il passe par la direction SAA′, et telle autre ΣΓΩ (fig. 6) qui lui soit parallèle ; et puis ce qu'il devient lorsqu'il fait avec la face XY des angles successivement plus petits.

Premièrement : le rayon de l'onde lumineuse ne se manifeste point dans le prolongement de la direction SA′.

Secondement : il ne se manifeste point non plus dans le prolongement ΩO de la direction ΣΩ.

Troisièmement : il se réfléchit de Ω en Π par un angle égal à celui d'incidence, et se prolonge vers Φ, par conséquent, dans une direction perpendiculaire à la face YA′, et en lumière blanche, c'est-à-dire non dispersée. L'angle total ΣΩΦ est de 120°.

Quatrièmement : ce rayon lumineux ne se réfléchit point dans la direction ΩO′ perpendiculaire à la face XA′ ; mais il se réfléchit une seconde fois de Π en Σ, parallèlement à ΣΩ, en formant par conséquent l'angle ΩΠΣ′ de 60°. Le rayon SA se réfléchit par conséquent à la fois en ♈ et ☉, perpendiculairemént aux faces YA′ et XA′.

Si l'on change la direction du rayon lumineux par rapport à la face XY du prisme, de manière à diminuer l'angle SAY successivement, jusqu'à une ouverture de 30°, on verra 1° la direction intérieure de l'onde lumineuse se porter de AA′ en AB (fig. 7), B partageant le côté XA′ en deux parties égales, et alors tandis qu'au lieu d'émerger en A′Z perpendiculairement à YA′, elle se réfléchit de B en B″, qui divise aussi le côté YA′ en deux parties égales, et émerge de ce point, par une ligne B″S‴, parallèle à SA, en lumière blanche, c'est-à-dire non dispersée, on la voit aussi émerger du point B dans la direction BC et BC′, occupant l'angle CBC′, par une lumière colorée, c'est-à-dire dispersée, et la ligne BC″ du milieu de cet angle étant sensiblement parallèle à AA′. L'angle C″BA′ se trouve, par conséquent, égal à l'angle SAY : ce qui donne encore pour l'angle total SVC″ une ouverture de 120 degrés.

Ici nous observerons qu'en rendant l'angle SAY plus petit que 30°, la dispersion colorée diminue d'intensité, et l'angle de dispersion CBC′ diminue aussi en ouverture, jusqu'à ce

6..

que le rayon SA se confondant avec le prolongement du côté YX, la lumière, dispersée et colorée, cesse d'être manifestée. Alors le point B se rapproche du point X, et se trouve atteindre au quart de la longueur du côté XA', au moment de la disparition de la dispersion colorée. Alors aussi la réflexion BB″ forme un angle toujours plus aigu avec AB, et l'émergence blanche B″S′ˇ s'incline davantage sur YB″, et ne forme plus, avec ce côté du prisme, qu'un angle de 15° lorsque SA vient se confondre avec YA.

Si ensuite on augmente l'angle SAY, on voit le rayon émergent se porter de B vers A′, toujours en lumière dispersée et colorée, dans une direction toujours plus inclinée sur BA′, et formant un angle C′BC plus ouvert, et d'une coloration plus vive; mais lorsque l'angle SAY est parvenu à environ 60°, ou lorsque SA commence à s'incliner en sens contraire sur YA′, l'émersion, dont le point d'issue vient se placer à mi-distance de B au point A′, se confond en disparaissant, dans le prolongement du côté XA′, au-delà de A′.

Nous avons vu que lorsque l'angle SAY diminuait de 30 degrés à 0, l'émersion blanche, semblable à celle B″S′ˇ, continuait de se mani-

fester en croisant la direction SA du rayon
lumineux ; lorsque ce même angle augmente
jusqu'à 90°, la direction AB se portant en AA',
l'émergence se porte successivement de B"S"
en A'Z, perpendiculairement à la face YA', et
toujours en lumière blanche, c'est-à-dire non
dispersée (1).

On remarquera sans peine la similitude des
effets produits par le prisme dans les deux
directions opposées des rayons lumineux, savoir, celle où ils se présentent perpendiculairement à l'une de ses faces, et celle où ils se
présentent en faisant des angles égaux de
30 degrés, sur les deux faces opposées à la
précédente : car alors, dans ces deux cas, la
lumière est réfléchie parallèlement à elle-
même. Si l'on place une lumière dans un point
d'où elle puisse se présenter, soit perpendiculairement à l'une de ses faces, soit en faisant
ces angles de 30° sur ses faces opposées, et si
l'on se place soi-même en arrière de la lumière, on verra toujours deux images semblables de cette lumière répétées par le prisme,
excepté lorsque l'œil et la lumière seront dans
une seule ligne qui, prolongée, se dirigerait à

---

(1) *Voyez* la note F.

la fois au milieu d'une face du prisme et au point angulaire des deux faces opposées. On pourrait trouver dans ce phénomène l'explication des doubles images du spath d'Islande cristallisé en rhomboïdes.

On voit au surplus, et c'est ici notre objet principal, que des effets semblables sont produits par des circonstances semblables du mouvement de vibration propre au prisme triangulaire équilatéral. Si, dans les deux dernières positions signalées, la lumière est réfléchie de la même manière qu'elle a été reçue, c'est-à-dire en nature blanche, ou non dispersée, c'est parce que les variations qu'elle a pu éprouver en frappant l'une des faces inclinées du prisme, sont compensées par les variations précisément semblables, et en sens inverse, qu'elle éprouve sur l'autre face. On comprend qu'il en est ainsi de toutes les positions où la lumière ressort du prisme sans avoir été dispersée.

Quand, au contraire, la lumière entrant comme dans la figure 5, par la face YX, dont les vibrations sont parallèles à elle-même, sort par la face XA', dont les vibrations sont alternativement inclinées en xa et $x'a'$, il est impossible que le rayon de l'onde lumineuse, déjà détourné de A″ en B par la configuration du prisme, n'éprouve pas les variations de position de BC à BC′, dans sa sortie, variations dont l'étendue, mesurée par l'angle CBC′, doit être en analogie avec celle des deux positions alternatives de la face XA′, mesurée par l'angle aBa' ou xBx'. On ne saurait contester l'existence de cette cause de la dispersion, déjà reconnue dans les vibrations sonores des plateaux triangulaires, et on ne peut en nier les effets, quant à la lumière, quoiqu'ils semblent échapper à la grossièreté de nos sens dans le prisme de cristal.

Le milieu BC″ de la dispersion, coloré en jaune, est donc l'émersion précisément correspondante au moment de la situation naturelle YXA′ (fig. 5) du prisme : la limite BC, colorée en rouge vif et pur, est celle qui correspond à sa position $y'x'a'$, et la limite BC′, colorée en violet se rapprochant du précédent rouge, est celle qui correspond à sa position yxa. On voit que dans la position BC, plus rapprochée de BB′, il doit y avoir accélération, comme il doit y avoir retardation dans la position contraire BC′.

En effet, il est nécessaire, 1° que lorsqu'une première vibration lumineuse arrive au point

B, en traversant le côté du prisme dans la position $x'a'$, son émersion ait lieu dans la direction BC la moins écartée de la position XB; 2° que lorsque, dans le moment suivant, une seconde vibration arrive en trouvant le côté du prisme dans une position plus rapprochée de XA' que la précédente, elle soit envoyée dans une direction plus écartée de XB que la précédente; 3° que successivement enfin, lorsqu'une vibration arrive au même point B, en trouvant le côté du prisme dans son maximum d'écartement xa, elle soit envoyée en BC' dans la direction la plus écartée de XB (1).

Les vibrations lumineuses, comme nous l'avons déjà observé, doivent être fort nombreuses, en un temps donné fort court, et elles sont douées d'une vitesse dont la rapidité est connue, environ 300 000 000 mètres par seconde.

Ici plusieurs considérations se réunissent pour nous démontrer que les vibrations qui constituent la lumière solaire doivent être en nombre infini dans un temps fini, tel, par exemple, qu'une seconde.

1°. Le mouvement de vibration du prisme,

---

(1) *Voyez* la note G.

quelque fréquent qu'il puisse être, et l'on sait
qu'il peut être calculé d'après ses dimensions
et l'effet sonore d'une de ses tranches données,
est nécessairement beaucoup moins rapide que
ne l'est la vitesse des ondes lumineuses et la
fréquence de leur succession, puisque ces dernières forment une trace vivement colorée sur
chacun des points infinis de la dispersion, en
sorte que pour chaque vibration du prisme il
y a nécessairement un très grand nombre de
vibrations lumineuses.

2°. Tout l'intervalle de C à C' se trouvant
coloré, il y a à chacun de ses points, en
nombre infini, un nombre quelconque fini
de vibrations lumineuses qui y impriment leur
trace colorante. La somme de ces nombres finis étant celle d'une série infinie, le nombre
total des vibrations colorantes de cette dispersion est infini.

3°. La manifestation de la couleur rouge
aux deux limites de l'angle de dispersion (car
la limite du violet se rapproche le plus possible du rouge opposé) doit nous la faire considérer comme la couleur fondamentale de
la lumière solaire ; et si, dans sa nuance la
moins vive, nous la supposons le résultat
d'une vibration en un temps donné, nous

pouvons établir que ses nuances plus vives
seront le résultat de vibrations augmentant
dans l'ordre de la progression double $\div$ 1 : 2
: 4 : 8 : 16 : 32 : 64, etc., dont le dernier
terme, qui est l'infini, représentera la lumière
rouge, devenue blanche, dans son *maximum*
d'éclat; ou bien, nous dirons que la lumière
rouge étant, dans son *maximum*, au point C,
le résultat de l'énergie de la vitesse des ondes
lumineuses, qui est de 300 000 000 mètres par
seconde, sa teinte immédiatement plus faible,
au point C', est celui d'une vitesse dans ces
ondes, réduite à 150 000 000 mètres par seconde, et ainsi de suite, en diminuant en
raison sous-double, jusqu'à la plus faible sensation de ce même rouge.

Il n'est pas possible, en effet, d'admettre
un autre ordre que la progression double dans
la graduation des nombres de vibrations ou des
vitesses des ondes qui peuvent représenter les
diverses nuances, plus ou moins vives, d'une
même couleur. Si l'on examine ce qu'est la
sensation d'une couleur, on trouvera qu'elle
a pour nos yeux la même propriété qu'un
son a pour nos oreilles. 1°. Deux sons sont
semblables, et semblent se confondre pour
nous, à leur acuité près, lorsqu'ils sont pro-

duits par des vibrations dont les nombres croissent en progression double. Les diverses nuances, plus ou moins foncées, d'une même couleur produisent sur nos yeux un effet semblable, à leur intensité près, qui les offense plus ou moins. Nous pouvons regarder le soleil lorsque des vapeurs épaisses interceptent un grand nombre de ses rayons ; alors sa couleur, d'un rouge sombre, est supportable pour nos yeux : mais, à mesure que ces vapeurs se dissipent, cette couleur se change en un rose vif, puis enfin en une lumière si vive, qu'elle nous paraît blanche, et il nous devient impossible d'en supporter l'éclat, qui bientôt détruirait en nos yeux la faculté de voir (1).

2°. La progression double est la seule qui permette d'intercaler entre deux de ses termes consécutifs un nombre infini de moyens proportionnels *dissemblables*, qui, à l'instar de la progression des sons entre deux octaves données, satisfasse aux conditions nécessaires qu'exige la présence de toutes les couleurs possibles dans la dispersion du rayon solaire ;

(1) *Voyez* la note H.

celle surtout de déterminer des rapports constans et invariables pour chacune d'elles.

3°. Cette progression a seule la faculté de
nous donner l'explication du phénomène remarquable qui nous fait rencontrer dans la
graduation des couleurs dispersées par le
prisme, les trois couleurs primitives, le rouge
pur, le jaune pur et le bleu pur, précisément aux mêmes points où l'on rencontre dans
les sons les toniques (octaves l'une de l'autre),
la quinte (première consonnance) et la tierce
majeure (deuxième consonnance) dans l'harmonie naturelle du mode majeur; savoir : le
rouge aux deux bords de la dispersion, aux
deux limites des nombres ou vitesses des vibrations, dans les rapports 1 et 2; le jaune à
l'intermédiaire $\frac{3}{2}$ (moitié du second nombre
impair 3), et le bleu à l'intermédiaire $\frac{5}{4}$ (quart
du troisième nombre impair 5); ce qui donne
invariablement et comme types inaltérables de
ces trois couleurs seules primitives les rapports
des trois premiers nombres impairs 1, 3, 5 et
leurs multiples ou sous-multiples en raison
double (1).

Ajoutons que la diminution de température

---

(1) *Voyez* la note 1.

qui se fait remarquer dans la lumière dispersée, à mesure que l'on s'éloigne du point C ;
que la diminution analogue qui y a lieu aussi
dans le développement des actions chimiques,
viennent encore appuyer notre théorie, et ac-
cumuler leurs preuves sur la diminution, soit
du nombre des vibrations des ondes lumineuses dans un temps donné, soit de la vitesse
de la marche de ces ondes dans l'air atmosphérique ; car nous doutons que leur vitesse,
comme dans l'espace éthéré, se conserve avec
la même rapidité dans le fluide aérien, tandis
qu'il nous est démontré que leur succession y
peut conserver la même fréquence : considération qui détermine notre préférence en fa-
veur de la retardation de la vitesse des ondes.

Tenons-nous-en à ces faits, en attendant
que quelque découverte nouvelle vienne éclair-
cir cette question. Ne voyons-nous pas qu'ils
suffisent déjà pour détruire les hypothèses par
lesquelles on faisait exercer une influence at-
tractive des divers corps réfracteurs sur la prétendue matière lumineuse, qui n'éclairait point
par elle-même, qui ne peut exister comme
matière, et que l'on prétendait formée de molécules de densités diverses, diversement at-
tirables, colorantes et sans couleur par elles-

mêmes (1), circonstances qui toutes s'expliquent avec la plus grande facilité , par la théorie des vibrations.

Ne pouvons-nous ajouter, relativement à la manifestation de toutes les couleurs de l'iris dans la dispersion opérée par le prisme , quelle que soit l'ouverture de l'angle de dispersion, qu'elle est due vraisemblablement à ce que, dans ces diverses ouvertures, les rapports des nombres ou des vitesses des vibrations aux points extrêmes de ces dispersions, demeurent coustamment les mêmes , ce qui pourra être démontré après une suite d'expériences qui restent à faire , si l'on considère que ces rapports peuvent être ceux des sinus des angles de dispersion ; que, dans de petits angles tels que ceux-là, des angles doubles ont des sinus doubles, et que les différences des angles successifs suivent sensiblement une progression géométrique (2).

_____

(1) Ne voit-on pas que la réunion de ces diverses molécules , au lieu de reproduire la lumière vive et blanche , aurait dû former l'opacité absolue?

(2) *Voyez* les notes K , L , M.

~~~~~~

CHAPITRE III.

De la chaleur ou température.

Nous avons vu qu'un cube de cristal d'un décimètre de côté devait, s'il était mis en état de vibration par un choc, en faire 27306 $\frac{2}{3}$ par seconde de la nature sonore. La loi des sons *semblables* dans les corps semblables de dimensions doubles ou sous-doubles, nous donnera 2 730 666 $\frac{2}{3}$ vibrations par seconde pour un cube d'un millimètre de côté, et 5 461 333 $\frac{1}{3}$ vibrations par seconde pour un cube d'un demi-millimètre de côté. Ce dernier cube peut être considéré comme semblable à une parcelle de ce cristal que le choc d'un briquet en détacherait, en le mettant dans un état de fusion, et par conséquent de chaleur et de lucidité très remarquables. Or, si cette parcelle de cristal a été détachée de la masse principale, elle a été mise sans nul doute, par le choc qui l'en a séparée, dans un état de vibration violent, tel que celui que nous avons calculé, et qui, bien que d'une faible durée, a suffi pour produire en elle la chaleur, la fusion et la lumière. Qui

n'a pas eu occasion de remarquer que des per-
cussions répétées d'un marteau sur une enclume produisaient, au bout de peu d'instans,
en l'un et l'autre une vive chaleur? Il en est
de même du frottement de la lime sur un morceau de métal, de celui d'un archet sur une
corde ou un plateau sonores.

Si le cube de cristal de haute dimension, si
le briquet, la pierre, le marteau, l'enclume,
la lime, le morceau de métal, l'archet, le plateau, la corde sonore, ne nous donnent qu'une
faible sensation de chaleur, et ne nous en donnent aucune de lumière, ou n'en manifestent
que d'une nature faible et passagère, que nous
nommons électrique, c'est parce que l'état de
vibration dont ces corps sont susceptibles ne
peut, par leurs formes et leurs dimensions linéaires, s'y développer entièrement, s'y main-
tenir un temps assez long pour que cette manifestation soit sensible à des organes aussi imparfaits que les nôtres. En effet, si ce cube de
cristal est susceptible de faire 27 306 vibrations
en une seconde, il peut en faire 455 en une
tierce ; mais ce temps est trop court, soit pour
produire dans ce cube la chaleur, la lumière
et le son, soit pour que notre tact, nos yeux,
nos oreilles, puissent en distinguer la sensa-

tion. Toutefois, si vous frappez l'un contre
l'autre dans l'obscurité, deux corps solides,
deux pierres, par exemple, d'une nature cristallique, vous observerez une lumière, un
ébranlement, de la chaleur, et enfin un bruit
plus ou moins éclatant, élément d'un son qui
ne persiste pas pendant un temps assez long.

La chaleur est donc le résultat d'un état de
vibration dans la matière, et elle est susceptible
de s'accroître suivant la durée et l'intensité de
cet état de vibration. Mais nous devons distinguer avec soin le feu ou la combustion de la
chaleur, comme ils doivent être distincts de la
lumière et du son ou du bruit.

Il y aurait donc absence totale de chaleur ou
d'une température quelconque dans le repos
absolu, comme l'on y trouverait l'absence totale de lumière et de son ou bruit. Mais il est
des limites dans la température élevée ou
abaissée, relativement à nous, hors desquelles
il nous est impossible d'exister et où, par conséquent, elle cesse de pouvoir se manifester à
notre organisation : de même qu'il est des limites hors desquelles l'état de vibration ne se
manifeste point pour nous en nature sonore ou
lumineuse. Toutefois, observons en passant
que le repos absolu n'existe point dans la na-

ture, ni par conséquent l'obscurité, ni le si-
lence, ni le froid absolus.

On pourrait objecter que l'état de vibration
produisant à la fois du son ou du bruit, de la
lumière et de la chaleur, il devrait y avoir une
vive chaleur dans plusieurs matières qui nous
manifestent une lumière assez vive, telles que
le bois pourri, les vers luisans, et telles autres
substances connues, et qui, malgré leur lucidité
propre, ne présentent aucun phénomène apparent de chaleur : comme aussi l'on devrait voir
de la lumière se manifester encore dans un
boulet qui vous brûle et qui pourtant nous paraît avoir cessé d'être lumineux. Nous répon-
drons que cela provient de la variété de l'énergie de l'élasticité dans certaines matières, les
unes étant plus ou moins susceptibles que
d'autres d'exercer leur action vibratoire avec
une énergie d'écartement propre à produire
la chaleur.

NOTES.

A. Sur la théorie des cordes vibrantes de Taylor et d'Alembert.

Taylor et d'Alembert ont donné une théorie des vibrations des cordes tendues, dans le sens de leur écartement de leur axe de repos, auxquelles ils ont attribué les phénomène du son. Le premier de ces savans a même donné une équation de la courbe qu'il a supposé formée par une corde en vibration dans ces écarts; elle est sous la forme

$$dy = \left(\frac{r}{a}\right)^{\frac{1}{2}} \frac{a\,dx}{(2ax - x^2)^{\frac{1}{2}}}$$

où y est l'ordonnée, x l'abscisse, r le rayon osculateur, et a le plus grand écartement de la corde relativement à sa ligne de repos.

Diderot, dans son mémoire sur l'acoustique, a donné une méthode pour décrire graphiquement cette courbe qui ressemble à une trochoïde ou cycloïde extrêmement allongée.

Pour parvenir à cette équation, Taylor a établi, 1°. que les courbures aux sommets des ordonnées étaient entre elles comme ces ordonnées supposées infiniment petites, c'est-à-dire que les ordonnées étaient entre elles comme les rayons osculateurs; 2°. que les forces accélératrices aux points de la courbe formée par la corde en vibration étaient entre elles dans le même rapport. Ensuite, il observe que le plus grand

7.

écart de la corde étant fort petit relativement à sa longueur, son accroissement dans le plus grand écartement ne cause aucune inégalité dans la tension, et que
l'on peut du moins négliger sans erreur sensible l'inclinaison des rayons osculateurs sur l'axe, et les différences de tension des divers points de la corde dans
cette situation. Enfin, il suppose que tous les points
arrivent à la fois à la ligne de repos, ce qui peut n'être
pas vrai sans que cela influe beaucoup sur les résultats.

Cette ingénieuse théorie a été, comme on peut le
voir dans les opuscules de d'Alembert, l'occasion
d'une polémique longue et assez obscure, entre les savans ; cependant elle a été adoptée par Euler, Ber-
nouilli, Lagrange et autres, et aussi par Diderot qui
l'a développée dans son mémoire déjà cité. Taylor en
avait déduit une formule $n = C \sqrt{\dfrac{GD}{PL}}$, du nombre n
de vibrations (1) d'une corde d'une longueur L, d'un
poids P, tendue par une force ou un autre poids G, et
dans laquelle $\dfrac{1}{C}$ exprime le rapport du diamètre à la
circonférence du cercle, et D la longueur d'un pendule qui donne un nombre d'oscillations connu dans
un temps déterminé.

Diderot cite une autre formule de d'Alembert, prise
dans un mémoire de ce savant adressé à l'Académie de
Berlin, dans cette forme : $t = \dfrac{2\theta\sqrt{l}}{\sqrt{2am}}$, où t est le
temps d'une vibration (2) d'une corde d'une longueur l,

(1) Il fallait dire d'*oscillations*.
(2) Il fallait dire d'une *oscillation*.

dont la tension (G) est au poids (P) dans le rapport m ; a étant l'espace parcouru librement en tombant, par un corps grave, dans un temps donné θ.

J'ai cherché en vain le mémoire de d'Alembert cité par Diderot ; mais j'ai trouvé dans le premier volume de ses opuscules, qu'il rapporte sa formule dans la forme $t = \dfrac{\theta \sqrt{l}}{2\sqrt{2am}}$, où le coefficient 2 est au dénominateur au lieu d'être au numérateur de la fraction. Enfin, d'Alembert fait observer qu'il a appelé une vibration ce que Taylor ne considère que comme l'un des deux instans de la vibration (l'allée et le retour au même point).

J'ai soumis à l'expérience plusieurs cordes cylindriques en fil de fer, de divers diamètres ; il s'en est trouvé une dont une longueur d'un mètre pesant 28 grains $\frac{8}{10}$, soumise à la tension d'un poids de 16 livres, m'a donné un son correspondant au *la* du diapazon (de 213 $\frac{1}{3}$ vibrations par seconde). D'après la formule de Taylor, en faisant D égal à un mètre, ce qui s'éloigne très peu de la longueur du pendule qui bat les secondes sexagésimales, on a pour la valeur de n, $\dfrac{355}{113}\sqrt{5120}$; ou 225 vibrations correspondant à un *la dieze*.

D'après la formule de d'Alembert, en faisant θ égal à une seconde, et par conséquent $a = 4^m,8997$; m étant égal à 5120, on a

$$t = \frac{1}{2\sqrt{2(4,8997)5120}} = \frac{1''}{448} ;$$

ce qui donne 224 vibrations pour une seconde. Ainsi
la formule citée par d'Alembert est véritablement celle
qu'il avait donnée dans son mémoire adressé à l'Académie de Berlin. La différence d'une vibration dans
les résultats des deux formules ne vient que de ce que
j'ai fait, dans celle de Taylor, D un peu plus grand
qu'il ne devait être; mais les résultats des deux formules n'en sont pas moins assez éloignés de la vérité.

Une autre corde en fil de fer, d'une longueur d'un
mètre, pesant 32 grains, avec une tension de 14 liv.,
a donné un son à 208 $\frac{1}{3}$ vibrations, semblable à celui
d'un tube de 8 décimètres de longueur et correspondant à un *la bémol;* la formule de Taylor donne pour *n*
la valeur $\frac{355}{113} \sqrt{\frac{129024}{32}} = 199\frac{1}{2}$ vibrations, correspondant à un *sol dièze.* Ainsi, différence inverse entre
le fait et les résultats des formules, qui sont ici
moindres, tandis qu'ils étaient plus grands dans le
premier exemple.

Il résulte d'ailleurs de la théorie même de Taylor
et de d'Alembert, que le plus ou le moins de surface de
l'air agité, n'entre pour rien dans le phénomène du son
des cordes vibrantes, puisque des cordes de diamètres
très inégaux peuvent, par des tensions réciproquement
proportionnelles, produire les mêmes sons, quoique
les surfaces d'air agitées soient bien différentes. De plus,
le rapport *m* ou $\frac{G}{P}$, de la tension de la corde à son
poids, n'est pas celui qu'il fallait considérer comme
conservant le même degré de tension à toutes les molécules de cette corde, car son poids représente un

cube, et l'uniformité de tension des molécules de la corde exigeait que l'on fît entrer comme élément dans la formule, au lieu du poids P de la corde, la surface de sa section circulaire.

Enfin, si l'on considère que la tension étant nulle, ou $G = o$, la formule donne $n = o$, où point de vibrations possibles; et que si la tension G est supposée égale au poids P et $D = L$, on a constamment $n = C$, c'est-à-dire que tout cylindre d'un mètre de longueur, de même matière, suspendu, isolé, et soumis à la seule tension d'une force égale à son poids, ferait, d'après la formule, quel que fût son diamètre, le même nombre de $3 \frac{16}{113}$ vibrations par seconde, ou donnerait le même son grave et inappréciable pour l'oreille, on trouvera que cette formule ne remplit point le but de son auteur, et est contraire au résultat de l'expérience facile à constater en plaçant sur deux points d'appui un cylindre de trois mètres de longueur, aux intersections des divisions métriques, car on trouvera que l'oreille pourra facilement apprécier les sons de la partie centrale de ce cylindre, et qu'ils deviendront plus aigus à mesure que son diamètre augmentera.

B. *Sur les divisions des cordes tendues.*

Si l'on raisonnait toujours à cet égard dans l'hypothèse de la résistance de l'air, on arriverait à ce résultat, que la corde tendue se trouverait divisée successivement à partir de son milieu où serait la division $\frac{1}{3}$, et de chaque côté, en un nombre indéfini de parties dont les dimensions seraient dans les rap-

ports $\frac{1}{9}$, $\frac{2}{27}$, $\frac{4}{81}$, $\frac{8}{243}$, $\frac{16}{729}$ ... etc., donnant une succession de sons tels que 3, 5, 9, 15, 25.... etc., et
leurs octaves, ou suivant telle autre progression harmonique que son acuité empêcherait d'être appréciée
par l'oreille. Mais nous n'admettrions point dans cette
progression les nombres premiers 7, 11, 13, 17, 19.. etc.,
ni leurs multiples, qui ne nous paraissent avoir rien
d'harmonique. On sait que l'on ne saurait exprimer
sur le cor les sons $\frac{7}{4}$, $\frac{8}{7}$ du son fondamental 1, ni aucun des sons *semblables*, leurs multiples ou sous-
multiples, en raison double.

C. *Sur l'état de vibration des grandes masses.*

Si l'on appliquait ces principes à des corps d'une
très grande dimension, et supposés doués d'une élasticité semblable à celle du cristal; si l'on admettait
par exemple que la terre, le soleil, sont des sphères
douées de la même faculté de vibrer, et que, mises
en cet état de vibration par un moyen, une puissance
quelconque, la résistance du fluide éthéré répandu
dans l'espace ne saurait faire éprouver aucune variation d'intensité à cette faculté de vibrer, on trouvera que la terre ferait à peu près 18 vibrations en un
jour, et que le soleil, ayant 110 fois le diamètre de
la terre, en ferait $\frac{18}{110}$ en un jour, ou à peu près une
en six jours.

Or, si l'on observe que le mouvement des marées

pourrait être attribué à un mouvement de vibration qui se répéterait à peu près deux fois en un jour, on pourrait en conclure que la matière du globe terrestre aurait une élasticité que l'on pourrait évaluer à $\frac{1}{9}$ de celle du cristal.

On peut remarquer, en recevant la lumière du soleil sur un plan très oblique à la direction de ses rayons, un mouvement d'oscillation très distinct aux bords de l'ombre, et qui semble se répéter environ 12 fois en une seconde. Si l'on pouvait attribuer ces oscillations à un mouvement de vibration du soleil (ce que toutefois nous ne pensons pas) qui viendrait se répéter sur ce plan incliné, elles indiqueraient dans la matière de cet astre une élasticité 6 000 000 de fois aussi grande que celle du cristal.

On ne doit point s'étonner que des facultés de vibrer aussi éminentes, ou que des nombres de vibrations aussi grands que ceux qui peuvent se compter dans des parcelles que le choc d'un briquet contre un caillou détachent de ce caillou ou du briquet, produisent à la fois une lumière vive et une vive chaleur. Dans l'action vibratoire supposée au soleil, la transmission du mouvement qui aurait lieu d'un de ses pôles à l'autre, à une distance de 1 382 200 000 mètr., en $\frac{1}{24}$ de seconde, serait 92 fois plus rapide que la vitesse de la lumière.

D. *Sur l'influence de la température à l'égard de la faculté de vibrer.*

La température influe d'une manière très puissante sur les diverses propriétés des corps, relativement à l'élasticité et aux transmutations dont ils sont susceptibles. Nous voyons l'eau passer avec de très légères différences de température de l'état fluide à l'état solide ou à l'état gazeux. Le fer et beaucoup d'autres substances sont plus cassantes, c'est-à-dire plus élastiques, lorsque le froid y est porté à un certain degré. Des corps, qui ne présentaient dans leurs masses aucune apparence d'élasticité, deviennent élastiques et cassans à un certain degré de froid ; tels sont le beurre, la graisse, le miel, l'huile, le plomb, le mercure, comparables à cet égard à des bitumes, à des métaux incandescens prêts à passer de l'état cristallique ou solide, à l'état fluide, et réciproquement. Nous examinerons aussi ce qu'est cette température.

E. *Sur l'essence de la lumière.*

Ce qui aurait dû décider les physiciens depuis long-temps sur cette question, c'est l'observation que la lumière qui traverse tout l'espace gazeux éthéré n'est point lumineuse par elle-même, puisqu'on ne l'y aperçoit pas, et qu'elle ne se manifeste pour nous que lorsqu'elle rencontre sur sa route rayonnante, un obstacle solide ou liquide, ayant une surface qui peut la refléchir à nos yeux.

Par exemple, le soleil étant placé derrière la terre, pour l'observateur placé à sa surface obscure, tout corps céleste sphérique, placé hors du cône d'ombre formé par la terre, et recevant la lumière du soleil, n'étant pas lumineux par lui-même, sera vu de cet observateur. Mais tout l'espace, hors de ce cône d'ombre, quoique rempli de cette lumière rayonnante, demeurera pour lui dans une profonde obscurité. Il pourrait même y avoir dans cet espace tel corps, d'une telle configuration, et dans une telle position (tel est parfois l'anneau de Saturne), qu'aucune de ses faces ne pourrait réfléchir vers l'observateur la lumière qu'il recevrait du soleil ; et cet observateur ne pourrait, dans ce cas, avoir la moindre notion de son existence. C'est aussi de la même manière qu'un rayon lumineux peut traverser une chambre obscure sans s'y manifester autrement que par les molécules matérielles suspendues dans l'air, et éclairées par ce rayon.

F. *Sur les expériences faites avec le prisme triangulaire équilatéral.*

J'ai fait les expériences dont il est question ici avec un prisme en flint-glass, sans avoir tous les moyens convenables pour mesurer les angles de réfraction, de réflexion et de dispersion de la lumière, surtout dans leurs augmentations et diminutions successives. Mais je ne crois pas m'être trompé dans les limites que j'ai assignées à ces variations. D'ailleurs ces expériences sont extrêmement faciles à vérifier dans une chambre obscure, au moyen de la flamme d'une bougie placée en un point fixe, et d'une tranche mince d'un prisme semblable, posée horizontalement sur une de ses faces

triangulaires , et dont on couvre une face rectangulaire d'une bande de papier sur lequel on laisse à volonté un point à jour, pour observer la marche des
rayons lumineux.

On pourra observer en outre des diverses réfrac-
tions, réflexions et dispersions que j'ai signalées , plusieurs autres apparitions de lumière blanche ou colorée,
mais extrêmement faibles , et dont je n'ai pas cru devoir m'occuper.

G. *Sur la dispersion colorée dans l'intérieur du
prisme.*

Un physicien très instruit (professeur de Physique à
l'un des colléges de Paris) avait ébranlé la théorie que
j'expose, en m'assurant que le rayon lumineux se dis-
persait dans l'intérieur même du prisme triangulaire,
en nature colorée, lorsqu'il se présentait en formant
un angle très ouvert avec l'une de ses faces, tel que
dans la position voisine de 60°, qui produit le *maximum* d'ouverture à l'angle de la dispersion colorée,
émergent du prisme lorsqu'elle est tout près de se
confondre avec le côté même du prisme , dont elle
émerge. « Dépolissez cette face du prisme , » me disait
ce physicien , « et vous verrez le spectre coloré se manifester sur cette face dépolie , dans cette position. »
Il ne remarquait pas qu'en dépolissant cette face du
prisme , il donnait un moyen à ce rayon, émergent
presque dans le prolongement de cette face , de se manifester en nature colorée sur les aspérités de cette
face dépolie, qui ne laissent pas d'avoir une certaine
dimension en hauteur. (*V*. la note K.)

II. *Sur la couleur fondamentale de la lumière solaire.*

Considérons des charbons ardens qui entourent un globe de fer destiné à incendier le vaisseau ennemi qui ose s'approcher de nos côtes. Tout est rouge d'abord, le boulet comme les charbons. Le premier se distingue par sa teinte que l'on nomme *rouge cerise.* La chaleur augmente en intensité ; un courant d'air porte dans le foyer un aliment qui la stimule à un haut degré. Le boulet devient incandescent ; il devient blanc. Il n'y avait point là de vapeurs qui interceptassent quelques vibrations lumineuses, auxquelles on pût attribuer la teinte plus ou moins foncée ou obscure du rouge primitif, au commencement de l'expérience.

Lisons dans un jardin aux rayons d'un soleil éclatant. Bientôt les pages du livre nous paraîtront d'une teinte rosé, et les caractères d'un rouge vif foncé. Fermons les yeux alors, et une teinte verte, nuance exactement opposée à ce rose, se fera remarquer en ces organes, comme résultat contraire, dérivé de la lésion opérée sur eux par ce grand éclat de lumière.

I. *Sur les sensations des couleurs.*

On peut conclure de ce qui précède que les diverses teintes rouges étant produites par des vibrations croissant en progression double, telle que celle des nombres   1, 2, 4, 8, 16, 32. . . . . . ∞ , les diverses teintes jaunes sont produites par des vibrations qui, dans le même temps, suivent les rapports des nombres. . . . $\frac{3}{4}$, $\frac{3}{2}$, 3, 6, 12, 24. . . . . . ∞ ;

et les diverses teintes bleues, celles des nombres

$\frac{5}{8}$, $\frac{5}{4}$, $\frac{5}{2}$, 5, 10, 20. . . . . ∞.

Comme ces progressions conduisent également à l'infini, chacune de ces couleurs, portée à son maximum d'éclat, produira la même lumière, vive et absolument blanche.

L'impossibilité de décomposer une nuance quelconque sortie d'un prisme, au moyen d'un second prisme, paraît résulter de ce que les deux limites du faisceau quelconque de cette nuance se composent de nombres finis et extrêmement rapprochés de vibrations, lesquels ne sauraient donner, parmi leurs intercalaires, des rapports qui convinssent à d'autres colorations.

La sensation de la teinte rouge la plus faible étant produite par une vibration en un temps donné, on peut se la représenter par des points lumineux, répartis à une distance égale les uns des autres, en quinconce, sur une surface obscure : de telle sorte que chaque point lumineux corresponde à un élément carré de surface donnée. La sensation de la teinte rouge, immédiatement plus forte, analogue à un son semblable, mais plus aigu, dans les vibrations sonores, pourra être représentée alors par un quinconce de points lumineux, semblablement disposés sur cette surface obscure, mais qui ne seront plus qu'à une distance les uns des autres, moitié de la précédente. On voit qu'en diminuant toujours en raison sous-double

la distance de ces points lumineux entre eux, on fini-
rait par couvrir les surfaces obscures élémentaires d'un
nombre infini de point lumineux, qui néanmoins présenteraient toujours l'aspect de la disposition primitive en quinconce carré, que nous avons supposé former la sensation de la lumière rouge.

Si l'on forme un quinconce de points lumineux sur
une surface obscure, en leur donnant la disposition
triangulaire équiangle, on pourra de même considérer
cette disposition comme propre à représenter la lumière jaune, et lui appliquer les mêmes conséquences
que ci-dessus, en diminuant toujours de moitié les
intervalles des points entre eux. On peut en dire au-
tant d'une disposition donnée pour cinq points lumineux, comme représentant la lumière bleue, et s'expliquer ainsi la similitude de l'impression produite sur
nos yeux par des couleurs *semblables*, mais différant
d'intensité, ainsi que celle des sons *semblables*, mais
plus graves ou plus aigus, sur nos oreilles : chaque
couleur et chaque son conservant le caractère propre
aux rapports dont il se compose.

K. *Suite de la dispersion colorée intérieure aux*
prismes.

On insistera peut-être encore, et l'on dira que la dispersion colorée a lieu, dans beaucoup de cas, dans l'intérieur même du milieu réfringent. Comme je ne l'ai
considérée que dans le prisme triangulaire équilatéral,
qui présente le phénomène dans ses conditions les plus
simples et les plus régulières, il faut accorder en effet
que dans un prisme qui présentera un ou deux angles

plus aigus que 60°, les circonstances ne seront plus les mêmes, et que le mouvement de vibration, propre à un tel prisme, peut occasioner une dispersion inté-rieure, lorsque la face qui reçoit les ondes lumineuses étant, comme dans la figure 8, l'un des grands côtés de ce prisme, elle ne pourra pas exécuter ses vibra-tions parallèlement à elle-même.

Si l'on suppose que la tranche de ce prisme est un triangle isocèle acutangle YXZ, on trouvera que l'un de ses axes de vibration passera par son centre de gra-vité, et par le sommet de son angle le plus aigu, par la raison que la position de cet angle détermine néces-sairement sa plus grande dimension linéaire, que l'on voit constamment occupée par l'un des axes de vibra-tion d'un corps régulier quelconque. Dès lors, ce sera la face YZ, opposée à l'angle le plus aigu, qui formera ses vibrations parallèlement à elle-même, tandis que les faces YX et XZ prendront des positions alternati-vement inclinées sur leur position primitive, et il se présentera alors deux cas principaux.

Dans le premier cas, le rayon SA formant un angle aigu avec AY, il se réfracte en BB', en lumière dispersée et colorée ; et s'il arrive perpendiculairement sur la face YZ, il se prolongera en CC', indéfiniment, de la même manière.

Dans le deuxième cas, le rayon S'A formant un angle aigu avec AX, il se dirigera en DD' en lumière dis-persée ; mais trouvant en DD' des inclinaisons de la face XZ, qui peuvent être précisément en sens con-traire des précédentes de la face XY, il pourra sortir en DR et D'R', en directions parallèles, et par conséquent, en lumière blanche et non dispersée, parce que les rayons voisins éprouvant le même effet, rétabliront cette lumière sur l'espace RR′, dans son intensité primitive.

Si la tranche du prisme était un triangle isocèle obtusangle, l'un de ses axes de vibration serait nécessairement déterminé par sa plus petite dimension linéaire, tandis que l'autre serait parallèle au grand côté. Alors, des phénomènes analogues se présenteraient dans la réfraction et la dispersion intérieure et extérieure de la lumière. Si enfin cette tranche était un triangle scalène, les axes de vibration ne passant plus nécessairement par les sommets d'aucun de ses angles, ou le milieu d'un de ses côtés, les circonstances de la réfraction et de la dispersion colorée, soit intérieures, soit émergentes, varieront à l'infini.

Je n'examine point tous les autres cas qui, dans les tranches isocèles, peuvent produire une dispersion colorée intérieure ou extérieure, car ils doivent varier avec les angles d'inclinaison des rayons lumineux incidens. Je pense qu'il suffit d'avoir montré que le principe que j'ai exposé sert à expliquer tous les cas qui peuvent se présenter, et jusqu'aux irrégularités que l'on peut trouver dans des tranches équilatérales, parce qu'elles peuvent résulter d'une imperfection, soit dans leur construction, soit dans la densité et l'homogénéité de toutes leurs parties.

L. *Sur la théorie des retardemens déduite des phénomènes des interférences.*

Frauenhofer est cité par M. Babinet (ce professeur cité ci-dessus) , dans une notice insérée aux *Annales de Chimie et de Physique* (avril 1829), comme ayant mesuré avec une extrême précision les longueurs d'ondulation des rayons diversement colorés, dans les spectres imparfaits , à cause de leurs superpositions, qui se manifestent dans les phénomènes des interférences. Ces diverses longueurs résultant, suivant ces deux auteurs, des retards qu'éprouvent les rayons dans leur marche détournée, et étant calculées pour les points B, C, D, E, F, G, H, d'un spectre imparfait dont B et H forment les limites , les mesures de Frauenhofer donnent en valeurs métriques, savoir, pour le point

B. . . . . 0,0006878.
C. . . . 0,0006565.
D. . . . 0,0005888.
E. . . . 0,0005260.
F. . . . 0,0004843.
G. . . . 0,0004291.
H. . . . 0,0003928 (1).

Les limites rouges du spectre complet seraient ,

---

(1) Wollaston et Frauenhofer ont estimé la longueur de l'ondulation lumineuse solaire blanche à environ 0mm,0005, qui est la valeur à peu près correspondante à l'ondulation de la lumière jaune. Je puis faire observer ici la coincidence du principe vibratoire dans le prisme, qui place aussi cette même nuance au centre de la dispersion, comme représentant la position moyenne et naturelle du prisme dans son état de vibration.

d'après la suite de l'exposé de M. Babinet, deux points (supposons A et I), dont les longueurs d'ondulation seraient 0,00075 et 0,00036 , qui sont entre eux comme 2,1 est à 1.

Il manque à cet exposé deux renseignemens fort importans, savoir, 1° la disposition primordiale de ces points entre eux ; 2° la détermination précise des diverses nuances colorées auxquelles chacun d'eux se rapporte.

Quoi qu'il en soit, ces nombres s'éloignent assez peu de la progression géométrique, intercalée entre les deux extrêmes, et qui serait celle des nombres 6878, 6265, 5706, 5198, 4734, 4312, 3928. Les anomalies que présente à cet égard leur série, peuvent s'expliquer, sinon par l'inexactitude des calculs dont ils résultent, du moins par l'imperfection probable des expériences difficiles et délicates sur lesquelles ils sont établis. Il est permis alors de révoquer en doute la précision des résultats donnés par Frauenhofer, et par conséquent, il est permis aussi de se refuser à admettre qu'il y ait une proportion plus que double entre la mesure de l'ondulation de la limite du rouge vif et celle de l'extrême violet, lorsque des considérations prises dans les propriétés des nombres 1 et 2, et de leurs intercalaires, nous portent à rejeter cette opinion.

Si l'on suppose toutefois que les mesures données ci-dessus, pour les limites d'un spectre imparfait, sont exactes, et que les superpositions des spectres sont semblables de part et d'autre, on trouvera pour les deux limites réelles d'un spectre complet, commençant à un point A, au rouge carmin pur, et finissant à

8.

un point I, au bord extrême du violet, limites dont les mesures doivent être, d'après la théorie des vibrations, dans un rapport exactement double ; on trouvera, dis-je, les nombres $0^{mm},000736$ et $0,000368$ (au lieu de $0,00075$ et $0,00036$) qui satisferaient auxdites conditions.

Il serait extrêmement important de renouveler ces expériences et de bien déterminer les nuances qui correspondent aux divers points de la division du spectre ; car si les valeurs des deux limites rouges du spectre complet étaient réellement $\left\{ \begin{array}{c} 736 \\ 2 \end{array} \right.$ et $\left\{ \begin{array}{c} 368 \\ 1 \end{array} \right.$, on trouvera que le jaune pur $\dfrac{3}{2}$ devrait correspondre à une valeur 552, et le bleu pur $\dfrac{5}{4}$ à celle 460. On voit, par conséquent, que si l'hypothèse admise était juste, le jaune pur devrait se rencontrer entre les points D et E, et le bleu pur entre les points F et G du spectre imparfait, base de l'expérience de Frauenhofer ; qu'enfin, en admettant onze termes entre les extrêmes $\left\{ \begin{array}{c} 736 \\ 2 \end{array} \right.$ et $\left\{ \begin{array}{c} 368 \\ 1 \end{array} \right.$, formant une série semblable à celle des intervalles chromatiques d'une gamme sonore, on aurait les valeurs correspondantes suivantes, en millionièmes de millimètre, savoir :

$$\left\{2,\ \frac{15}{8},\ \frac{16}{9},\ \frac{5}{3},\ \frac{8}{5},\ \frac{3}{2},\ \sqrt{2},\ \frac{4}{3},\ \frac{5}{4},\ \frac{6}{5},\ \frac{9}{8},\ \frac{16}{15},\ 1,\right.$$
$$\left. 736, 690, 654\tfrac{1}{2}, 613\tfrac{1}{3}, 588\tfrac{4}{7}, 552, 520\tfrac{2}{3}, 490\tfrac{1}{3}, 460, 441\tfrac{1}{3}, 414, 392\tfrac{8}{14}, 368.\right.$$

A		C		D		E				H		I
Rouge-carmin pur.	Vermillon.	Vermillon-orangé.	Orangé.	Orangé-jaune.	Jaune pur.	Vert-jaune.	Vert-bleu.	Bleu pur.	Indigo.	Violet.	Violet-pourpre.	Rouge pâle.

Où l'on voit se représenter quatre des nombres de la série de Frauenhofer aux points C, D, E et H, avec assez d'exactitude.

Quoi qu'il en soit du résultat des expériences, que je sollicite de nouveau sur cet objet, pour la détermination précise des nombres qui peuvent convenir aux deux limites du spectre complet, on voit que ces nombres varieront seulement entre ceux 0,000736 et 0,00075 pour la couleur rouge pur vif, et ceux 0,000368 et 0,000375 pour la teinte opposée du rouge pâle bordant le violet; et je me crois fondé à espérer que l'on trouvera leur rapport tout au plus égal à celui de 2 à 1. (*Voyez* ci-après note M.)

La théorie qui nous fait considérer la lumière comme un simple résultat de l'état de vibration d'un corps, perçu par nos yeux, ne saurait être troublée par l'expérience de M. Arago, citée par M. Babinet, qui donne des angles d'écartement égaux dans les rayons visuels de deux étoiles, l'une à l'orient, l'autre à l'occident, observées d'un point de la terre, qui ont traversé le même angle d'un prisme triangulaire dans deux positions semblables; cette lumière ne peut, en effet, être assimilée à un corps lancé en ligne droite de l'une et l'autre étoile, et qui aurait à subir l'accélération ou le retardement apparens dus à la marche composée de la terre. Dans le moment où a lieu chacune de ces observations, la direction radiale de l'onde lumineuse, quelle qu'elle soit, réelle ou supposée, constante ou détournée, ne peut être brisée, par le même angle d'un prisme, que d'une manière absolument semblable, et elle ne peut être considérée, par l'œil observateur, que dans la dernière portion de son trajet, la seule apparente et sensible pour lui, et qui peut beaucoup différer avec sa direction primitive, à cause de la réfraction atmosphérique.

Quant à l'opinion qui attribue le retardement d'un rayon lumineux traversant un milieu plus ou moins dense à la rencontre de molécules qui ne lui permettent pas le passage, et entre lesquelles on veut qu'il se faufile par des détours, pour reprendre ensuite sa direction primitive, ou une qui lui soit parallèle, on ne saurait la soutenir lorsque l'on considère que les détours supposés peuvent suivre des directions variées à l'infini, et qu'alors aucune raison ne peut être donnée du retour à la direction primitive ou parallèle.

On ne peut admettre non plus le rayonnement de la lumière tel que Huygens l'a expliqué, suivant M. Babinet, c'est-à-dire comme ayant lieu d'un point quelconque de sa direction radiale pris pour centre ; car, dans cette hypothèse même, il y aurait une contradiction manifeste, puisqu'en sortant d'un milieu interposé plus ou moins dense, par une surface plane, la lumière devrait se propager cons-

tamment en ondes parallèles à cette surface, c'est-
à-dire dans une direction qui lui serait perpendiculaire, ce qui n'a lieu que dans le seul cas où le
milieu interposé est un parallélépipède rectangulaire
tangent aux ondulations sphériques de la lumière.
Ajoutons que si cette hypothèse peut expliquer les
retardemens, elle ne saurait expliquer les accélé-
rations.

Si l'on observe bien ce qui se passe dans une chambre obscure où l'on fait entrer un trait de lumière par
un très petit orifice circulaire, on remarquera qu'il
s'y forme seulement un cône de lumière rayonnante,
semblable et opposé au cône extérieur formé par le
disque du soleil et l'orifice précédent ; aucun autre
rayonnement de la lumière n'a lieu dans l'intérieur
de la chambre obscure hors du cône lumineux, ou,
s'il s'en manifeste un très léger, il ne saurait être attribué qu'à la réflexion partant des points de l'orifice éclairés, et transmettant leur propre rayonnement, ou au rayonnement particulier des molécules
matérielles répandues dans la portion éclairée de l'atmosphère et mises elles-mêmes en état de vibration
lumineuse.

M. Babinet oppose à ces raisonnemens plusieurs expériences de Newton, de Fresnel, de M. Arago, répétées par lui, qui indiquent des déviations considé-
rables, de près de 180 degrés, dans la lumière passant
à travers un très petit orifice ; d'une ombre centrale
dans le cône lumineux émergent de cet orifice, au
lieu d'une lumière plus vive qui devrait s'y manifester ; d'une lumière au sommet du cône d'ombre formé

par un écran, égale en intensité à ce qu'elle serait sans l'interposition de l'écran : mais est-il bien nécessaire d'attribuer tous ces phénomènes au seul rayonnement indéfini de la lumière à tous les points de sa direction radiale, de l'hypothèse d'Huygens?

Si l'on regarde la lumière du soleil à travers un petit orifice fait dans une carte avec la pointe d'une aiguille très fine, en tenant cette carte à une distance d'environ 1 mètre, on verra, en totalité ou en partie, le disque solaire entouré d'une auréole de rayons diaprés principalement des couleurs centrales de l'iris. Si l'on rapproche cet orifice le plus près possible de l'œil, on remarquera encore ces couleurs diaprées, en teintes plus larges, mais plus pâles, et comme à travers un réseau irrégulier et mobile en partie, que l'on reconnaîtra n'être autre chose que la membrane extérieure et humide de l'œil. Dans ces circonstances si simples, ces teintes colorées ne se manifestent point sur un plan placé près de la carte pour recevoir la lumière émergente, ni l'ombre centrale mentionnée ci-dessus non plus. N'est-on pas alors autorisé à conclure que les dispersions colorées observées n'ont lieu que sur la surface humide du globe de l'œil, ou, dans son intérieur, sur la rétine.

Considérons Mercure, Vénus et la Lune comme des écrans qui nous cachent quelquefois le Soleil; aurons-nous jamais la possibilité de démontrer que la lumière émanée de lui soit aussi vive au sommet du cône d'ombre formé par ces astres que s'ils n'eussent point été interposés? N'a-t-on pas observé, dans des éclipses de Soleil centrales, et à des momens où le diamètre apparent de la Lune était au moins égal au sien, où, par conséquent, le spectateur terrestre a pu se trouver au sommet du cône de l'ombre, un moment que l'on peut dire d'obscurité, comparativement à l'éclat ordinaire du jour, et, par conséquent, un phénomène absolument opposé à la dernière expérience citée (1).

Lorsque nous observons un passage de Vénus sur le Soleil, le diamètre de cette planète étant d'environ $\frac{1}{113}$ de celui du Soleil, le sommet du cône d'ombre qu'elle forme se trouve à environ 9 millions de lieues de nous. Si le rayonnement indéfini avait lieu à tous les points, en nombre que l'on peut considérer comme infini des ondes lumineuses comprises dans cet espace de 9 millions de lieues, de chaque côté de la direction centrale de la lumière, ne peut-on pas affirmer que la sensation de l'ombre de Vénus se trouverait totalement effacée par une affluence de lumière, que l'on pourrait considérer comme infinie ?

Ce rayonnement indéfini n'est donc pas démontré, puisqu'il dépend toujours, en outre, d'un point matériel, centre d'action, qui ne peut se rencontrer dans les substances gazeuses, fluides et cristalliques transparentes, dont le caractère particulier est que leurs molécules ne présentent jamais de faces ni de contours qui puissent les rendre centres d'action, en les

---

(1) Dans l'éclipse totale de Soleil du 22 mai 1724, *l'obscurité totale* dura, à Paris, 2 minutes et un quart. Si cette obscurité n'a pas été totale, on peut l'attribuer au seul rayonnement des particules fluides suspendues dans l'atmosphère sublunaire et éclairées par le Soleil.

isolant de leurs voisines. Les circonstances particulières qui semblent en autoriser l'hypothèse dans certains cas, ne peuvent détruire la loi générale contraire, qui produit pour nous la profonde obscurité
d'une nuit sans étoiles.

On a eu lieu d'observer que le mouvement de vibration s'exerce dans une masse cristallique élastique
d'une forme et d'une grandeur quelconques, comme
si cette masse ne formait qu'une seule molécule, et
cela provient évidemment de ce que les molécules en
nombre infini, dont cette masse est composée, sont
tellement unies et contiguës les unes aux autres, ne
présentant aucunes traces de leurs contours et de
leurs surfaces, qu'elles se trouvent, si l'on ose ainsi
dire, privées de leur individualité; qu'elles ne peuvent exercer aucun mouvement isolé, indépendant;
qu'enfin, elles se trouvent, par leur contiguité et leur
fixité, dans l'obligation de former leurs vibrations
collectivement dans un temps donné, qui est celui
relatif, tant à la propriété élastique plus ou moins
énergique de la matière de cette masse cristallique
qu'à ses diverses formes et dimensions. Les expériences récentes de M. Dutrochet, sur les mouvemens
des molécules fluides excités par la lumière et par la
chaleur, indiquent en elles une mobilité individuelle
et indépendante qui, jusqu'à présent, avait échappé
à toutes les observations, parce qu'elle a lieu dans
l'état ordinaire d'un repos apparent, sans que la transmission des vibrations lumineuses en soit troublée.

Il ne reste plus qu'à connaître les mouvemens mo-
léculaires des substances gazeuses, qui, au surplus,

dans leur état de repos apparent ne troublent point
non plus la transmission des vibrations lumineuses.

Note M.

On trouve, dans le *Foreign Quarterly Review*, n° 14,
april 1831, une table publiée par M. Herschel comme
ayant été calculée par le docteur Young, d'après laquelle les longueurs des ondulations lumineuses du
spectre coloré, dans l'air, estimées en parties de
pouce (sans doute anglais), sont exprimées ainsi
qu'il suit :

		mm.
Limite du rouge vif....	0,000266	ou 0,000675
Rouge..............	0,000256	0,000650
Nuance intermédiaire..	0,000246	0,000624
Orangé.	0,000240	0,000609
Nuance intermédiaire..	0,000235	0,000596
Jaune..............	0,000227	0,000576
Nuance intermédiaire..	0,000219	0,000556
Vert.	0,000211	0,000535
Nuance intermédiaire..	0,000203	0,000515
Bleu..............	0,000196	0,000497
Nuance intermédiaire.	0,000189	0,000480
Indigo..............	0,000185	0,000469
Nuance intermédiaire..	0,000181	0,000459
Violet.	0,000174	0,000441
Limite du violet.......	0,000167	0,000424

On voit que ces nombres diffèrent de ceux donnés
par M. Babinet, d'après M. Frauenhofer, d'abord, en
ce que les nombres analogues donnés par ce dernier

sont plus grands, en commençant par le rouge vif, ce qui peut être attribué à la confusion du pouce anglais, avec le pouce français ou allemand. Mais une différence beaucoup plus remarquable et plus importante est celle de la progression décroissante dans les longueurs des ondes de la lumière dispersée, bien moins rapide dans la table de M. Herschel que dans celle de M. Babinet; car le rapport entre les limites du spectre complet qui, suivant lui, serait de 0,00075 à 0,00036, ou de 2,1 à 1, ne serait, d'après M. Herschel, en supposant une longueur de 0,000153 = 0^{mm},000389 à l'onde lumineuse, au point du rouge pâle qui complèterait son spectre, que celui de 1,735 à 1. Nous sommes donc encore une fois autorisés, d'après cette différence si grande entre les calculs de MM. Young et Frauenhofer, à admettre que les véritables longueurs d'ondulation des limites du spectre complet du *rouge vif* au *rouge pâle* sont réellement dans le rapport naturel et intermédiaire de 2 à 1, et que les couleurs *jaune* et *bleu* y sont représentées par les rapports $\frac{3}{2}$ et $\frac{5}{4}$.

FIN.

TABLE

DES MATIÈRES.

LIVRE PREMIER.

Lois générales de l'état de vibration.

LIVRE II.

Applications de la théorie des vibrations à divers phénomènes de Physique.

NOTES.

FIN DE LA TABLE DES MATIÈRES.

Fig 1.

2.

3.

4.

5.

6.

7.

8.

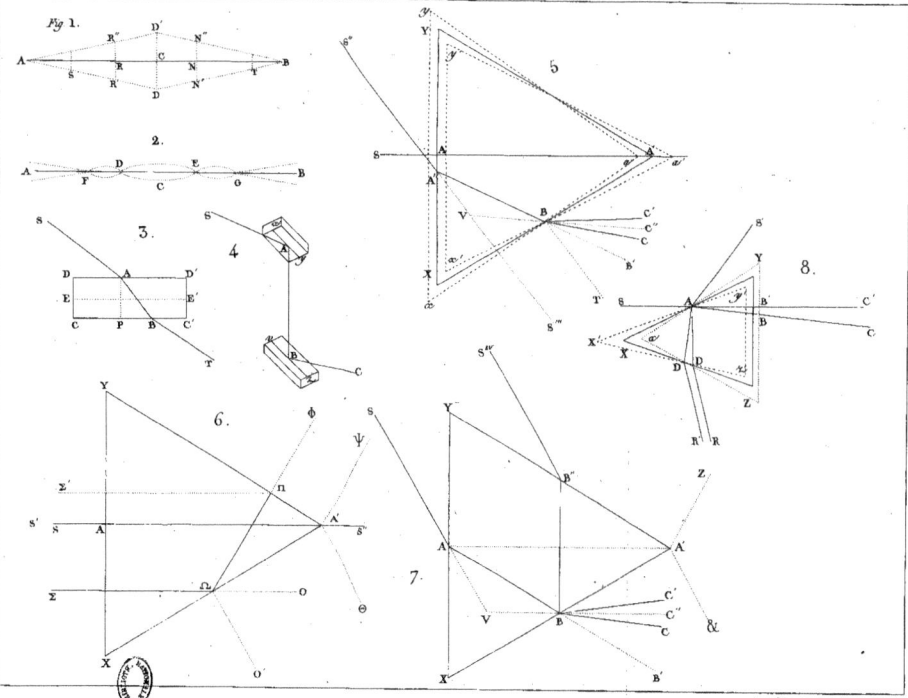

Gravé par N.L. Rousseau père.

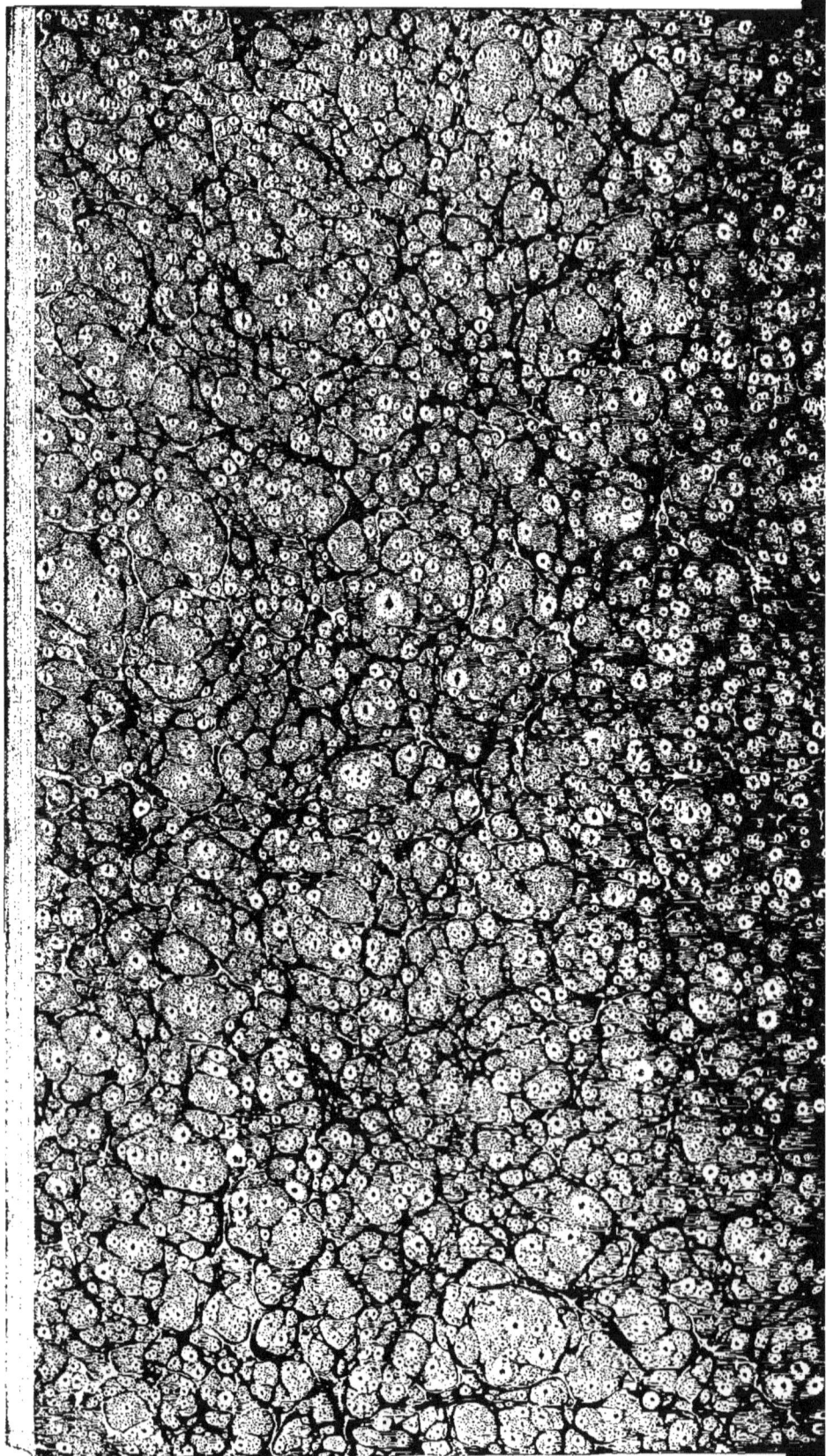

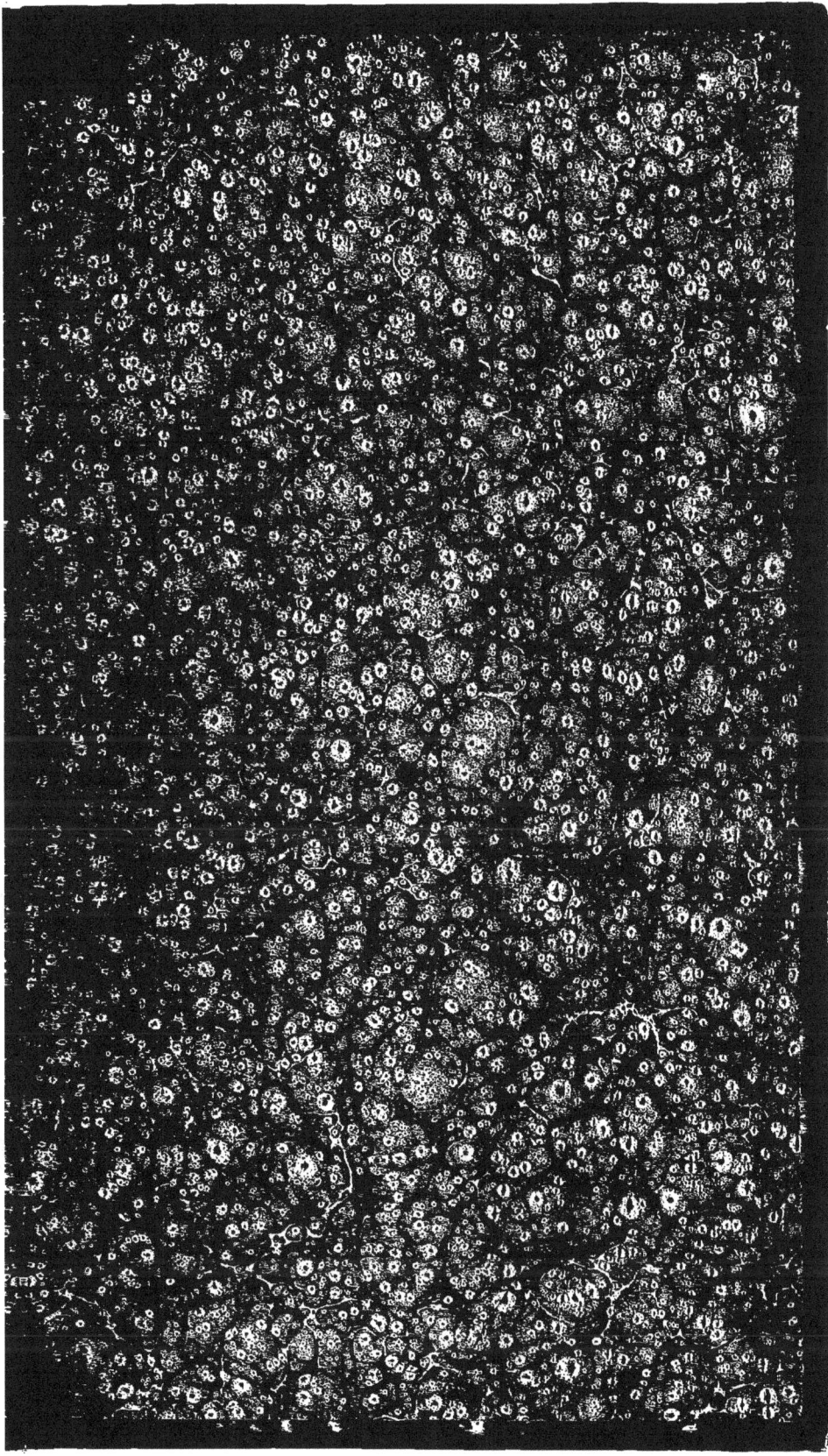